Der Bienenhirte

Über das Führen von selbstorganisierten Teams

Rini van Solingen

Der Bienenhirte

Über das Führen von selbstorganisierten Teams

Ein Roman für Manager und Projektverantwortliche

Aus dem Niederländischen von Rolf Dräther

dpunkt.verlag

Rini van Solingen · *rini@scrum.nl, d.m.vansolingen@tudelft.nl* oder *rini@rinivansolingen.nl*

Lektorat: Christa Preisendanz
Übersetzung: Rolf Dräther, *www.happycentric.de*
Copy-Editing: Ursula Zimpfer, Herrenberg
Satz: Birgit Bäuerlein
Herstellung: Susanne Bröckelmann
Umschlaggestaltung: Helmut Kraus, *www.exclam.de*
Druck und Bindung: mediaprint solutions GmbH, 33100 Paderborn

Bibliografische Information der Deutschen Nationalbibliothek
Die Deutsche Nationalbibliothek verzeichnet diese Publikation in der Deutschen Nationalbibliografie; detaillierte bibliografische Daten sind im Internet über *http://dnb.d-nb.de* abrufbar.

ISBN:
Print 978-3-86490-495-0
PDF 978-3-96088-214-5
ePub 978-3-96088-215-2
mobi 978-3-96088-216-9

Hinweis:
Dieses Buch wurde mit mineralölfreien Farben auf PEFC-zertifiziertem Papier aus nachhaltiger Waldwirtschaft gedruckt. Der Umwelt zuliebe verzichten wir zusätzlich auf die Einschweißfolie. Hergestellt in Deutschland.

PEFC-zertifiziert
Dieses Buch stammt aus nachhaltig bewirtschafteten Wäldern und kontrollierten Quellen
PEFC/04-31-0810
www.pefc.de

Schreiben Sie uns:
Falls Sie Anregungen, Wünsche und Kommentare haben, lassen Sie es uns wissen: *hallo@dpunkt.de.*

7 6

Geleitwort

Als Rini mich bat, dieses Geleitwort zu schreiben, zögerte ich kurz. *Der Bienenhirte* handelt nämlich hauptsächlich von Selbstorganisation, die für mich lediglich ein Mittel zum Zweck ist. Selbstorganisation muss immer einem höheren Ziel dienen – zum Beispiel dazu, gemeinsam ein bestehendes Problem so gut wie möglich zu lösen oder eine neuartige Verbindung zu seiner Umgebung aufzubauen. In vielen Fällen ist sie dann ein gutes Hilfsmittel, um schnell und lokal zu guten Lösungen zu kommen. Doch sie bleibt ein Hilfsmittel und ist kein Selbstzweck.

Selbstorganisation ist auch nichts Neues. Ihre Wurzeln liegen in den Achtzigerjahren des letzten Jahrhunderts. Zu dieser Zeit arbeitete ich als Gemeindekrankenpfleger. Die Arbeit war abwechslungsreich und ständig war die eigene Kreativität gefordert. Es gab keine Standardlösungen. Jeder Tag war ein Abenteuer – mit Kindern, jungen Müttern, mit Älteren. Die Arbeit war in das tägliche Leben eingebettet: Man war Teil der Gemeinschaft und konnte so sehr effektiv arbeiten.

Das änderte sich in den Neunzigerjahren. Die Politik glaubte, dass das Zusammenlegen zu größeren Einheiten zu einer effizienteren Pflege führen würde. Ambulante Pflegeorganisationen fusionierten und entwickelten sich zu großen Unternehmen mit der Ambition, »Leistungen« zu erbringen. Ich kam mit diesem Managementdenken in der Pflege nicht klar – der Vorstellung, dass es Menschen gibt, die denken (die Manager), und andere Menschen, die ausführen (die Angestellten). Dieses Denken von oben nach unten empfinde ich als äußerst gefährlich! Es wird dann nicht mehr aus der Perspektive des Kunden gedacht, sondern nur noch an die Interessen des Unternehmens. 1993 habe ich deshalb einen Schlussstrich gezogen.

Doch es ließ mich nicht los. Deshalb gründeten meine Frau und ich vor zehn Jahren die Stiftung Buurtzorg. Buurtzorg bietet persönliche häusliche Betreuung und Pflege für Kunden, die ernstlich krank sind, von einem Krankenhausaufenthalt zurückkommen oder weiterhin zu Hause wohnen bleiben wollen. Buurtzorg setzt bei den Möglichkeiten des Einzelnen an. Jeder Kunde bekommt einen Begleiter, der gemeinsam mit ihm oder ihr schaut, was an Betreuung erforderlich ist – heute und zukünftig. Wir lösen die Probleme vor Ort. Auf eine Weise, die für jeden am besten funktioniert und die auch allen Betroffenen in der näheren Umgebung gerecht wird: dem örtlichen Polizisten, dem Hausarzt oder der Nachbarin und auch der Verwandten, die um die Ecke wohnt.

Buurtzorg arbeitet mit kleinen Teams von ambulanten Kranken- und Altenpflegern. Das sind selbstorganisierte Teams, die gezielt auf die speziellen Wünsche und Bedürfnisse jedes einzelnen Kunden eingehen. Dabei entwickeln unsere Mitarbeiter ganz eigene, individuell passende Lösungen. Es sind ihre Kunden, es ist ihr Wohngebiet, ihr Büro, ihr Team. Bei Buurtzorg haben wir kein Management und keine PR-Abteilung. Fachkompetenz und eine persönliche Beziehung zum Kunden stehen im Mittelpunkt. Die Kunden sind zufrieden und die Betreuungszeiten im Mittel kürzer als üblich.

Wir haben Buurtzorg damals mit einem kleinen Team von vier Mitarbeitern gestartet. Inzwischen sind wir rund 880 Teams mit mehr als 9700 Mitarbeitern und haben einen Jahresumsatz von 315 Millionen Euro.

Die Lektionen in *Der Bienenhirte* funktionieren. Das durfte ich selbst erfahren. Und sie funktionieren nicht nur in der Pflege, sondern auch in vielen anderen Branchen. Menschen ihre eigene Arbeit selbst regeln zu lassen, geht überall. Darüber hinaus werden dadurch allerlei Managementfunktionen und Koordinatoren überflüssig. Man kann das überall anwenden: im Bildungswesen, bei der Polizei, in der Bankenwelt. Lassen Sie die Menschen ihre Arbeit selbst organisieren. Die können das viel besser, als Sie denken. Vertrauen Sie auf ihr Können, ihre Einsicht und ihre Fachkompetenz. Nur auf diese Weise schaffen Sie Menschen den Raum, ihr Bestes zu geben und ihre Fähigkeiten und Fertigkeiten voll zu entwickeln und zu entfalten.

»Je weniger Sie organisieren, desto besser ist es!« ist dann auch meine wichtigste Botschaft. Vertrauen und Verantwortung anstelle von Kontrolle und Argwohn.

Dieses Buch vermittelt auf leicht verständliche Weise, weshalb selbstorganisierte Teams die Basis für das Arbeiten im 21. Jahrhundert bilden. Es ist für jene Praktiker hervorragend geeignet, die Selbstorganisation im Interesse ihres höheren Ziels erfolgreich einsetzen wollen.

Kurzum: Sehr zu empfehlen!

Jos de Blok
Geschäftsführer der Stiftung Buurtzorg

Inhalt

1 Auf zur Insel

Es ist abends halb acht, als Mark van den Burg das Bürogebäude verlässt und rasch zu seinem Auto geht. Bis zum Hafen sind es anderthalb Stunden zu fahren und die letzte Fähre legt pünktlich zehn nach neun ab; ihm bleiben also nur zehn Minuten Reserve. Vor ihm liegt eine Woche Auszeit bei seinem Großvater auf der Insel.

Es ist schon ein paar Jahre her, dass er zuletzt dort war, und da sein Großvater die Insel nicht mehr verlässt, haben sie sich eine ganze Weile nicht mehr gesehen. Ab und zu telefonieren sie miteinander und reden über das Wetter, den Deich und das Wasser. Und natürlich auch immer über die zunehmende Hektik auf der Insel, denn jedes Jahr scheinen mehr Touristen zu kommen.

Mark fährt dieses Mal allein. Eigentlich wäre seine Lebensgefährtin Sandra mitgekommen, aber im letzten Moment konnte sie dann doch nicht. Sie ist Integrationscoach und arbeitet in einem aufeinander eingespielten Team. Ganz plötzlich musste einer ihrer direkten Kollegen wegen Familienangelegenheiten für eine Woche ins Ausland. Dadurch war für den Rest des Teams die Arbeit nicht mehr zu bewältigen und so beschloss Sandra doch einzuspringen. Zwischen Mark und ihr hat es deshalb eine heftige Auseinandersetzung gegeben. Sandra hat noch vorgeschlagen, eine Woche später zu fahren, doch das war für Mark keine Option. Abgemacht ist abgemacht: Dann fährt er eben allein.

Der Arbeitstag ist ziemlich hektisch gewesen. Innerhalb der großen Supermarktkette, für die Mark arbeitet, hat er die Verantwortung für alle IT- und Kommunikationssysteme. Mark wird das Gefühl nicht los, dass sein Aufgabengebiet in den letzten Jahren mehr und mehr an Bedeutung gewonnen hat. Es sieht fast so aus, als ob im Unternehmen nichts mehr ohne die Unterstützung seiner Abteilung läuft. Überall sind sie involviert, ganz gleich, ob es um die Belieferung der Läden geht, um Bestellen, Bezahlen oder die Personaleinsatzplanung. Immer gibt es ein IT-System, das einen solchen Prozess unterstützt. Wann immer es um neue Entwicklungen geht, scheint sich alles um Marks Abteilung zu drehen. Und ganz nebenbei muss er auch noch dafür sorgen, dass alle bestehenden Systeme verfügbar sind. Reichlich Arbeit also für ihn.

Heute ist wieder so ein Tag gewesen. Am späten Vormittag erreichte ihn ein panischer Anruf aus dem Logistikzentrum. Das Programm, das die Bestellungen für die Läden vorbereitet, stürzte ständig ab. Das führte zu enormen Verzögerungen beim Zusammenstellen der Lieferungen. Am späten Nachmittag hatte sich eine lange Lkw-Schlange gebildet, weil das Logistikzentrum mit der Arbeit nicht hinterher kam.

Der Kick, wenn alles wieder funktioniert, alle Systeme wieder verfügbar sind und die Gefahr gebannt ist – dieser Adrenalinstoß könnte glatt süchtig machen.

Einerseits ist er ziemlich frustriert, wenn er an Tagen wie diesen begreifen muss, wie einzigartig sein Wissen für das Unternehmen ist und dass seine Mitarbeiter sich kaum trauen, selbstständig etwas zu unternehmen. Zugleich verschafft ihm diese Situation aber auch eine Menge Befriedigung. Der Kick, wenn alles wieder funktioniert, alle Systeme wieder verfügbar sind und die Gefahr gebannt ist – dieser Adrenalinstoß könnte glatt süchtig machen. Wenn sprichwörtlich die Flammen aus den Systemen schlagen und niemand mehr weiß, wo man beginnen oder den Fehler nun genau suchen soll, dann ist Mark in seinem Element. Das war bisher auch nicht zu seinem Nachteil. Jahr für Jahr erhielt er hervorragende Beurteilungen verbunden mit entsprechenden Lohnerhöhungen und weiteren Schritten auf der Karriereleiter. Inzwischen hat er ein eigenes Büro, seine persönliche Assistentin Linda und einen eigenen Parkplatz.

So hat er es dann auch nicht weit zu seinem Auto: einem Aston Martin Cabriolet, das er vor Kurzem nach anfänglichem Zögern gekauft hat. Es ist zwar kein Neuwagen, und doch hatte er Bedenken. Kann man so ein Auto fahren, wenn man für einen Supermarkt arbeitet? Was werden die Lkw-Fahrer sagen? Zu guter Letzt hat er es einfach gekauft; schließlich arbeitet er auch hart genug dafür. Und wenn er an diesem Wochenende mit offenem Verdeck über die Insel touren kann, gibt ihm das ein unvergleichliches Gefühl von Freiheit.

Zügig fährt er zur Schranke des Geländes. Noch ein schneller Gruß an den Wachmann und schon rauscht er in Richtung Autobahn davon. Zum Glück gibt es um diese Zeit nur wenig Verkehr und wenn er mit 140 km/h durchfahren kann, ist die letzte Fähre noch locker zu schaffen.

Viertel nach neun steht Mark an Deck der Fähre. Mit einem großen Kaffee setzt er sich auf eine der Bänke. Der Abend ist wundervoll. Die Sonne steht tief und orangefarben über dem Wasser. Er fühlt, wie sich sein Körper entspannt. Der Stress des Tages schmilzt dahin wie Schnee in der Sonne.

Stress hat er reichlich in der Firma. Um alles einigermaßen unter Kontrolle zu halten, ist er jeden Tag ab sieben im Büro. Und Abende, an denen er pünktlich zum Essen zu Hause ist, sind selten. Langsam beginnt ihn das zu nerven. Jedes Jahr nimmt er sich aufs Neue vor, etwas zu verändern: Mehr delegieren, seinen Mitarbeitern mehr Verantwortung übertragen, sodass er aus dem Tagesgeschäft einen Schritt zurücktreten und sich mehr um das große Ganze und die Zukunft kümmern kann. Aber irgendwie klappt das nie so richtig.

»Mehr Verantwortung übertragen ... Aber irgendwie klappt das nie so richtig.«

Im Augenblick läuft in seinem Unternehmen gerade ein Reorganisationsprojekt rund um selbstorganisierte Teams. Das Unternehmen muss flexibler werden. Der CEO hat dafür persönlich die Verantwortung übernommen. Agilität, Flexibilität und Schnelligkeit sind das Credo. Darum dreht sich einfach alles. Alle Mitarbeiter wurden festen Teams zugeordnet, von denen erwartet wird, dass sie selbstorganisiert funktionieren, autonom entscheiden und schnell handeln können. Das sollte der Garant für Schnelligkeit und Agilität sein.

Die Idee findet Mark einleuchtend. Im Prinzip befürwortet er das Delegieren von mehr Verantwortung. Schon seit Jahren ist es ihm ein Dorn im Auge, dass er wieder und wieder bei operativen Problemen aushelfen muss.

Aber leider stellt er immer wieder fest, dass die Selbstorganisation der Teams noch nicht richtig funktioniert. Auf dem Papier ist inzwischen zwar alles reorganisiert, aber in der Praxis geht es nur schleppend voran. Was logisch ist, denn es ist neu. Und es gibt noch genügend Situationen, in denen allen Beteiligten unklar ist, was genau die Erwartungen sind. Es vergeht kein Wochenende ohne den einen oder anderen Anruf. Die Teams bitten Mark noch immer um Zustimmung und es fällt ihnen schwer, eigene Entscheidungen zu treffen.

Oft überkommen ihn Zweifel: »Wie soll das gehen – selbstorganisierte Teams führen? Wann mache ich es richtig? Wie behalte ich die Kontrolle? Worum darf ich mich noch kümmern – und worum nicht mehr? Habe ich andere Aufgaben, und wenn ja, welche? Was ist eine gute Balance zwischen Raum geben und Kontrolle? Warum darf ich nicht eingreifen, wenn die Situation aus dem Ruder zu laufen droht, und weshalb müssen sich meine Teams selbst eine blutige Nase holen? Das ist ineffizient und zudem Geldverschwendung. Wie kann ich erwarten, dass meine Teams die gleiche Verantwortung fühlen wie ich?« All das sind Fragen, auf die Mark noch keine Antwort hat.

Der Abschied heute früh war ziemlich kühl. Sandra war nicht glücklich darüber, dass er allein fährt, und ließ ihn das deutlich spüren. Anfangs versuchte Mark, ihre reservierte Haltung zu ignorieren. Doch nach einer Weile brach er das Schweigen: »Hör zu, du hast dich entschieden arbeiten zu gehen, nicht ich.« Auf ihre Erwiderung, dass ihr keine Wahl bliebe, war er nicht eingegangen. Er schüttelte nur den Kopf und sah, wie ihr die Röte ins Gesicht stieg. Deshalb hatte er nichts weiter gesagt. Mit einem lauten Knall fiel die Haustür ins Schloss, als Sandra zur Arbeit ging.

Im Grunde ist es Mark ganz recht, dass sie zu Hause bleibt. Er ist der Meinung, dass ihre gemeinsame fünfzehnjährige Tochter Mandy noch zu jung ist, um allein zu bleiben. Was Mandy selbst übrigens völlig anders sieht. Jedenfalls findet er es deshalb gut, dass Sandra nicht mitkommt. Sie hingegen meint, dass er ihrer Tochter nicht genug Freiraum lässt, zu streng ist und ihr zu wenig Verantwortung überträgt. Sie ist immerhin *schon* fünfzehn, sagt Sandra, was wieder und wieder zu Streitigkeiten zwischen ihnen führt.

Also fährt Mark allein. Er kommt auch ganz gut alleine klar, zum Beispiel beim Wandern. Dann hat er alle Zeit der Welt, seinen Gedanken freien Lauf zu lassen. Und auch Mountainbiken ist nichts für Sandra. Sie liest am liebsten pro Tag zwei Romane.

Entspannt trinkt Mark einen großen Schluck Kaffee und genießt den herrlichen Sonnenuntergang. Während der Überfahrt fühlt er all seine Probleme am Horizont verschwinden. »Es ist fast so«, denkt er, »als ob man die Ruhe der Insel schon fühlen kann, sobald die Fähre ablegt. Sonderbar, dass auf einer Insel die Uhren gefühlt nur halb so schnell ticken wie auf dem Festland.«

Mark hat dieses Gefühl vermisst. Das wird ihm erst in diesem Augenblick richtig klar. Seit seine Eltern aufs Festland zogen, ist er nur noch selten auf der Insel. Und dieser Umzug ist nun schon mehr als fünfzehn Jahre her, das war kurz vor Mandys Geburt. Seitdem wohnen sie in der Nachbarschaft. Dennoch hat Mark eine besondere Verbindung zu seinem Großvater Marcus. Er ist auch nach ihm benannt: Marcus Emanuel van den Burg ist sein offizieller Name. Seine Eltern nannten ihn früher immer »Marcus junior«. Auf dem Gymnasium hatte er daraus dann Mark gemacht. Mit einem k. Seine Eltern und sein Großvater hatten es stillschweigend hingenommen.

Mark wurde auf der Insel geboren und wuchs dort auf. Zum Studieren ist er schließlich aufs Festland gegangen. Im ersten Studienjahr kam er noch jede Woche zurück, mit einer Tasche voller schmutziger Wäsche. Natürlich war er auch den ganzen Sommer hier. Ab dem zweiten Jahr fuhr er seltener auf die Insel und in den letzten zwei Studienjahren kam er dann auch in den Ferien nicht mehr her. Er hatte einen guten Job gefunden, ein Haus gekauft und entfernte sich auf diese Weise Schritt für Schritt von seiner Insel. Eigentlich der Klassiker.

Nun ist es auch schon wieder drei Jahre her, dass er zuletzt hier war. Und doch ist es *seine* Insel. Sie liegt ihm im Blut. Das fühlt er. Sogar jetzt, wo er zum ersten Mal seit Jahren wieder auf der Fähre steht. Warum fährt er eigentlich so selten hin? Und – wie konnte er dieses Gefühl vergessen?

Vom Fähranleger braucht man noch ungefähr eine Viertelstunde bis zum Haus von Tante Ruth. Sie wohnt direkt neben seinem Großvater und bestand darauf, dass er bei ihr wohnt. Tante Ruth hat damals das Haus seiner Eltern übernommen, als sie die Insel verließen. Sie hat keine Kinder und ihr Mann ist vor mehr als zehn Jahren gestorben. Sie sorgt gut für Opa. Manchmal sogar etwas zu gut, findet selbst Opa. Jedes Mal, wenn er mit Mark telefoniert, klagt er, dass sie sich ständig einmischt. Mark muss darüber schmunzeln, denn Opa kommt ohne Tante Ruth nicht mehr klar. Und das weiß er. Und Tante Ruth weiß es auch.

Mark hatte noch kurz überlegt, doch ins Hotel zu gehen. Er weiß, wie sehr sich Tante Ruth über Besuch freut, hatte aber eigentlich keine Lust, den ganzen Tag betüddelt zu werden und ihrem Bedürfnis nach Gesellschaft nachzukommen. Gleichzeitig fühlte sich der Gedanke aber nicht gut an, denn zu guter Letzt war es ja auch sein Elternhaus.

Tante Ruth erwartet ihn schon. Mark sieht ihr hageres Gesicht mit den durchdringenden Knopfaugen hinter der Gardine, als er sein Auto abstellt. Nach einer freundlichen Begrüßung mit einem etwas zu feuchten Kuss trinken sie zusammen eine Tasse Tee. Dabei fragt sie ihm über Sandra und Mandy ein Loch in den Bauch. Mark ist erstaunt, was seine Tante so alles interessiert. Über seine Tochter will sie wirklich alles wissen. Doch auf die meisten Fragen weiß Mark selbst keine Antwort. Und über Mandys Probleme in der Schule will er ihr nicht zu viel erzählen, sonst gibt sie keine Ruhe mehr. Ziemlich rasch trinkt Mark seinen Tee aus und lehnt freundlich eine zweite Tasse ab; er hat einen langen Tag hinter sich und will schnell ins Bett. Um elf Uhr verschwindet er in sein altes Zimmer.

Mit seinem Smartphone schickt er eine kurze Nachricht nach Hause: »*Hi Schatz. Noch böse? Mandy okay? Letzte Fähre erreicht. Tante Ruth ist noch immer Tante Ruth, hahaha. Rufe dich morgen an, wenn ich darf. ;-) :-****«

Dann macht er das Licht aus. Obwohl er lieber neben Sandra liegt, ist es auch herrlich, bei offenem Fenster zu schlafen. Eine der Freuden, wenn er mal nicht zu Hause ist. Sandra ist immer kalt, deshalb müssen die Fenster geschlossen bleiben.

Eine kühle Brise weht durch sein Zimmer. Er kann die Insel riechen. Diese einmalige Kombination von Gras und Seeluft, die gibt's nur an einem Fleck auf Erden: zu Hause! Plötzlich fällt ihm auf, wie still es draußen ist. Sogar bei offenem Fenster. Lange kann er das nicht genießen, denn schon nach wenigen Minuten schläft er wie ein Stein.

2 Opa Marcus

Am nächsten Morgen ist Mark zeitig wach. Die Macht der Gewohnheit. Viertel nach fünf ist er schon auf den Beinen, zieht sich an und schnürt seine Wanderschuhe zu. Es gibt einfach nichts Schöneres als einen Sonnenaufgang auf der Südostseite der Insel. Von Tante Ruths Haus sind es etwa zehn Minuten zu Fuß bis zum Deich und so beginnt Mark den Tag mit einem ausgiebigen Spaziergang. Herrlich an der frischen Luft zu sein, die Möwen zu hören und auf die Wellen zu schauen.

Oben auf dem Deich wartet er auf den Sonnenaufgang. Der Himmel strahlt in sanften Pastelltönen, die Wolken davor sind violett, orange und dunkelblau. Wundervoll. Er schießt ein Foto nach dem anderen. Dann zwingt er sich, sein Handy wegzustecken und bewusst den Sonnenaufgang zu erleben.

Auf dem Rückweg nimmt er einen Umweg über den Fähranleger. Dort hat er beim Fahrradverleih von seiner Assistentin Linda ein gutes Mountainbike reservieren lassen.

Als er kurz darauf durch den Ort radelt, stellt die Inhaberin des Cafés am Rathaus eine Reklametafel vor die Tür – sie öffnet gerade. Mark beschließt, dort zu frühstücken – mit einem Croissant, frisch gepresstem Saft und einem doppelten Espresso. In aller Ruhe liest er die Zeitung und bestellt noch einen zweiten Kaffee.

Es ist halb zehn, als er das Fahrrad vor Tante Ruths Haus abstellt. Die schaut nicht allzu froh drein. Mit ihren grauen, in einem Knoten zusammengesteckten Haaren und dem leicht anklagenden Blick erinnert sie Mark an eine strenge Gouvernante. »Ich habe ab halb acht mit dem Frühstück auf dich gewartet!«, sagt sie ziemlich bissig. »Erst dachte ich, dass du noch schläfst. Aber als du um halb neun immer noch nicht da warst, habe ich mal nachgesehen. Da warst du schon weg!«

»Entschuldige, Tante Ruth«, antwortet Mark. »Ich bin ein Frühaufsteher. Ich war schon wandern, war vor Sonnenaufgang auf dem Deich und habe mein Fahrrad abgeholt. Danach habe ich mich spontan entschlossen, gemütlich im Café am Rathaus einen Kaffee zu trinken. Ich denke, es ist besser, wenn du nicht damit rechnest, dass ich immer hier frühstücke. Ich will viel Rad fahren und wandern und dazu breche ich gewöhnlich früh auf!«

»Oh«, sagt sie betreten. »Wirklich? Ich hatte extra Eier für dich gekocht und frische Brötchen gebacken. Willst du wirklich nicht hier frühstücken? Ich werde einfach früher aufstehen und dann ist um halb sechs alles für dich fertig. Mache ich gerne! Was meinst du?«

Mark nimmt sie in den Arm und gibt ihr einen Kuss auf die Stirn. Sie meint es immer so gut. »Danke, Tante Ruth, das ist lieb von dir. Aber so früh habe ich noch keinen Hunger. Gewöhnlich esse ich auch erst auf der Arbeit. Mach dir keinen Stress. Ich finde es toll, dass ich hier übernachten kann. Aber Urlaub heißt für mich auch, dass ich mein eigenes Ding mache. Ich hatte ursprünglich überlegt, ob ich im Nachbardorf ein Hotelzimmer nehme. Wenn du also keine Lust auf einen Gast hast, der die meiste Zeit nicht da ist, kann ich das verstehen. Dann ziehe ich ins Hotel.«

»Bist du verrückt!«, reagiert sie bestimmt. »Du gehst auf keinen Fall ins Hotel. Das ist dein Haus und du schläfst hier. Punkt! Opa beklagt sich auch ständig, dass ich mich wie eine Glucke aufführe. Es ist aber auch nicht einfach, wenn man den ganzen Tag allein ist. Ich finde es schön, dass du da bist und es nicht so still im Haus ist. Ich werde mich also zurückhalten und ich mache auch kein Frühstück mehr für dich. Dafür bist du dann aber zum gemeinsamen Abendessen zu Hause!«

»Einverstanden«, antwortet Mark. »Ich gehe jetzt schnell duschen und danach zu Opa.«

»Frag ihn bitte, ob er seine roten Pillen genommen hat!«, ruft Tante Ruth ihm nach.

Um zehn sitzt Opa auf seinem Stammplatz am Tisch. Bei einem Pott Kaffee liest er gründlich die Lokalzeitung, erst von vorn nach hinten und danach von hinten nach vorn. Seine langen grauen Haare hat er zu einem Pferdeschwanz zusammengebunden, sodass sie ihm beim Lesen nicht ständig ins Gesicht fallen. Sein Opa hatte schon immer lange Haare und noch jetzt, in seinem hohen Alter, verleihen sie ihm eine vitale Ausstrahlung.

»So, Marcus junior«, brummt er, als Mark das Zimmer betritt. »Hast du's noch gefunden? Ist ja ewig her, dass du auf der Insel warst. Ich hatte dich schon viel früher mal zum Kaffee erwartet!«

»Mensch Opa, was für ein herzlicher Empfang«, antwortet Mark sarkastisch. »Jetzt meckere mal nicht so viel. Oder soll ich wieder gehen? Aber – stimmt schon. Ich war viel zu lange nicht hier und jetzt merke ich, wie mir die Insel gefehlt hat.« Er geht zu seinem Opa hinüber, um ihn zu umarmen. Der steht widerwillig auf, gibt Mark einen Kuss auf die Wange und setzt sich wieder hin.

»Ja, Junge. Einmal Insulaner, immer Insulaner. Das wirst du nicht los. Du kannst zwar versuchen, es zu verstecken und zu vergessen, aber was einmal ist, das bleibt. Das Sprichwort sagt nicht umsonst: ›Norden, Süden, Osten, Westen – zu Hause ist es doch am besten‹!«

»Du hast Recht! Ich hatte völlig vergessen, wie herrlich ruhig es hier ist. Das wird eine Woche wie in den guten alten Zeiten, da bin ich mir sicher!«

»Schön, dann setz dich erst mal hin und trink deinen Kaffee«, sagt Opa. Er nimmt den Kaffeebecher in seine kalten, faltigen Hände, um sie zu wärmen.

Als Erstes will Opa wissen, wie es zu Hause geht. Er fragt nach Sandra und natürlich nach seiner Urenkelin Mandy. Danach ist die Zeitung dran. Opa schaut immer zuerst nach den Todesanzeigen. Das ist eine feste Angewohnheit. »Erst mal die Verlierer durchgehen«, sagt er dann. »Je älter du wirst, desto mehr deiner Bekannten findest du in der Zeitung.« Opa klärt Mark auf, wer letzte Woche gestorben ist und woher Mark den kennen müsste. Der Name sagt Mark nichts, aber um Opa nicht zu enttäuschen, tut er so, als ob er sich erinnert. Sie reden noch übers Wetter, den Wasserstand und über den Zustand des Deichs. Und natürlich darüber, wie stressig es mit den Touristen ist. An Traditionen muss man sich schließlich halten!

Bei der zweiten Tasse Kaffee fragt Opa nach Marks Arbeit. Der bringt ihn auf den neuesten Stand und berichtet von der täglichen Hektik in seinem Job. Dann erzählt er einige Anekdoten, wie es ihm durch schnelles und kluges Handeln gelungen ist, einige echt verfahrene Situationen wieder in den Griff zu bekommen.

Gerade letztens hatte sich eins der Teams entschlossen, eine erste Version einer neuen Software einzuspielen. Sie glaubten, damit zwei Probleme gleichzeitig zu lösen: ein kleineres operatives Problem und die Anbindung eines seit Monaten nörgelnden Lieferanten ans System, sodass das neueste Bezahlterminal geliefert werden konnte. So wie üblich hatten sie, um Risiken zu vermeiden, die Software nachts installiert. Dass etwas nicht funktionierte, merkten sie erst, als die Läden öffneten und viele Kunden gleichzeitig mit EC-Karte bezahlen wollten. Sie hatten noch versucht, die Änderungen rückgängig zu machen, doch das ging vollkommen schief. Die gesamte Verbindung zu den Banken war ausgefallen. 24 Stunden lang konnte niemand mehr bargeldlos bezahlen.

An den Kassen bildeten sich lange Schlangen von Kunden, die nicht genug Geld bei sich hatten. Glücklicherweise gab es an vielen Standorten eine Bank mit Geldautomaten in der Nähe, sodass die Kunden Bargeld holen konnten, um zu bezahlen. Dennoch sorgte der Vorfall für viel Verärgerung. Auf Twitter gab es Unmengen von Kommentaren, es hagelte Beschwerden und das Thema schaffte es sogar in die Topnachrichten. Nun, das hatte Mark zu spüren bekommen. Seine Geschäftsführer-Kollegen riefen ständig an und der CEO war äußerst verärgert.

Eins hat er dadurch begriffen: Wenn etwas nicht läuft, ist immer noch er der Sündenbock. Und wie! Die Jungs aus seinem Team hatten in gutem Glauben arglos eine Entscheidung getroffen, doch die Konsequenzen hatte Mark zu tragen. Zum Glück konnte er das Problem beheben. Er arbeitete mit einem der Administratoren die ganze Nacht durch, sodass am kommenden Tag alles wieder funktionierte. Für *diese* schnelle Lösung wurde er dann wieder gelobt. Doch Mark hatte seine Lektion gelernt.

Er sieht, wie sein Großvater versucht, diese Probleme zu verstehen. Doch sie liegen zu weit außerhalb seiner eigenen Erfahrungswelt. Opa ist eben ein echter »Insulaner« und hat mit Marks Art von Arbeit nichts am Hut. Bürogebäude, Computer und Logistikprozesse kennt Opa nicht. Er ist Imker gewesen, hatte das aber auch schon früh aufgegeben, da es sich offenbar nicht lohnte.

Als Mark von der aktuellen Reorganisation im Unternehmen und dem Übergang zu selbstorganisierten Teams erzählt, hört Opa plötzlich sehr interessiert zu. Beim Wort »selbstorganisiert« schaut er auf. »Selbstorganisiert? Wie meinst du das?«

»Nun«, antwortet Mark, »es läuft darauf hinaus, dass wir Teams mit einer Größe von ungefähr acht Leuten bilden, die dann die gesamte Verantwortung übernehmen.«

»Ganz allein?«, fragt Opa. »Dürfen sie wirklich alles selbst entscheiden?«

»Im Großen und Ganzen ja«, sagt Mark. »Die Idee ist, dass einem Team die volle Verantwortung übertragen wird und es deshalb auch alle operativen Entscheidungen selbst treffen darf. Als Team, denn es gibt keinen Manager. Sie organisieren sich selbst. An sich ist das keine schlechte Idee, denn letztlich sind die Menschen in einem solchen Team die Experten. Warum sollten sie also nicht auch entscheiden dürfen?«

»Und du kümmerst dich dann überhaupt nicht mehr darum?«, will Opa wissen. Mark kann sich des Eindrucks nicht erwehren, dass er auf etwas Bestimmtes hinauswill.

Er antwortet: »Tja, sich nicht mehr drum kümmern, ist schwierig. Denn an vielen Stellen sieht man, dass die Teams es nicht gewohnt sind, Verantwortung zu übernehmen. Wenn es wirklich schwierig wird und Probleme auftreten, die direkt den Kunden betreffen, dann merkt man, dass sie nicht so recht wissen, was zu tun ist und was sie entscheiden dürfen. In solchen Fällen muss ich dann doch wieder einspringen, Entscheidungen treffen oder helfen, das Problem zu bewältigen.«

»Aha«, sagt Opa, »eigentlich hat das Team also gar nicht die Verantwortung. Heimlich bist doch immer noch du der Chef. Wir nannten das früher: ›Nur dann der Boss sein, wenn der Hahn nicht da ist‹«.

Mark ist überrascht. Was meint Opa damit? Er antwortet: »Komm Opa, jetzt musst du mir aber erzählen, warum dich das so interessiert. Seit ich über selbstorganisierte Teams rede, bist du auf einmal hellwach.«

Opa schmunzelt: »Ja, das kapierst du jetzt nicht, oder? Nun, ich werde es dir erklären. Aber gieß noch mal Kaffee nach, das ist 'ne lange Geschichte.« Opa reibt sich die kalten Hände, setzt sich zurecht und fängt an zu erzählen.

»All das hat sich vor langer Zeit hier auf der Insel abgespielt. Damals hatten wir hier eigentlich nur Ackerbau und Viehzucht. Vor allem Kühe, aber auch viele Schafe. Und ich war einer der Schafhirten. Das war lange vor deiner Zeit. Selbst deine Mutter war da noch nicht geboren. Ich kann mir vorstellen, dass du davon nicht viel weißt. Die Schafzucht war damals für uns sehr wichtig. Mit der Wolle verdienten wir auf dem Festland gutes Geld. Und ohne mich allzu sehr brüsten zu wollen – ich war vielleicht sogar der beste Schäfer der Insel.«

»Diese Arbeit habe ich nicht allein gemacht«, fährt er fort. »Ich hatte einen sehr guten Hund. Und ich hatte auch eine prächtige Schafherde.«

Opa seufzt und dann herrscht Stille. Er starrt ins Leere. Mark sieht, dass er mit Wehmut an die schönen Zeiten zurückdenkt. Er spürt das nostalgische Glück seines Großvaters und will eine Frage stellen. Doch Opa hebt die Hand, dass Mark noch einen Moment warten soll, und erzählt weiter.

»Ich bin noch nicht fertig mit meiner Geschichte. Oder besser – hier beginnt sie erst.

Eines Tages wurde ich vor den Inselrat geladen. Weißt du, einmal pro Woche tagten die hier im Rathaus. Der Inselrat kümmerte sich so'n bisschen um Handel und Wandel auf der Insel. Wir hatten damals noch keinen richtigen Bürgermeister, doch die Dinge liefen eigentlich recht gut.

Nun denn, der Inselrat gab mir einen Auftrag. Der Punkt war nämlich, dass wir lediglich mit unseren Schafen Geld verdienten. In erster Linie mit der Wolle, aber auch mit dem Fleisch. Naja, manchmal gab es auch eine gute Kartoffelernte und wir konnten davon was verkaufen. Oder Äpfel ...

Aber ich schweife ab. Es ging um Geld, mit dem wir die Insel voranbringen konnten. Zum Beispiel für die neue Straße, die Kanalisation, die Kirche oder Steine für den Deich. Ohne Geld geht nichts, wenn du auf dem Festland etwas kaufen willst. Ein Mitglied des Inselrats hatte einen Bruder auf einer anderen Insel im Ausland. Dieser Bruder hatte nun geschrieben, dass sie dort mit Honig ordentlich Geld verdienten. Unser Inselrat witterte eine Chance und hatte sich überlegt, dass ich der Richtige wäre, um es mit den Bienen zu versuchen. Ich war nämlich einer der besten Schafhirten der Insel und wenn einer das mit dem Honig hinkriegen würde, dann ich. Das dachten sie zumindest – und ich auch. Und ich fühlte mich geehrt.

Aber ach, was war das anfangs für ein Drama, Junge. Ich hatte ja von Bienen absolut keine Ahnung. Der Dorfälteste – der mit dem Bruder auf der anderen Insel – nun, der hatte mir ein Buch mitgegeben. Das war alles. *The Beekeeper's Handbook*. Ein dickes Buch! Und noch dazu in Englisch! Nun, dieses Buch hab ich mir von außen angesehen und dann in die Ecke geschmissen.

Du fragst dich jetzt vielleicht, warum ich dir das alles erzähle – und vor allem, weshalb ausgerechnet jetzt, nachdem wir über deine Teams gesprochen haben. Nun, ich habe damals gelernt, dass Schafe und Bienen komplett unterschiedliche Viecher sind. Schlimmer noch: Bienenvölker organisieren sich selbst. Daher mein Interesse, als du von selbstorganisierten Teams anfingst. Schafe sind da anders. Da war ich der Chef. Aber bei den Bienen funktionierte das überhaupt nicht. Es heißt zwar: ›Vielfalt gibt dem Leben die Würze‹, aber am Anfang war davon nicht viel zu merken, sage ich dir!«

Opa schweigt wieder und starrt vor sich hin, während er seine Hände reibt, um sie warm zu kriegen. Mark ist einen Moment lang unsicher, was er nun sagen soll. Schafe und Bienen. Wo sieht Opa da die Verbindung zu seiner Arbeit? Seine Mitarbeiter sind doch keine Schafe?

»Aber Opa«, sagt er dann, »du hattest doch dann Bienen statt der Schafe? Und Bienenvölkern muss man doch nicht beibringen, wie man Honig sammelt? Das wissen sie doch selbst. Doch vor allem – was hat das mit mir zu tun?«

»Weißt du was, Junge«, antwortet Opa, »du hast völlig recht. Ich verstehe ja, dass es bei dir anders ist. Deine Mitarbeiter sind *weder* Schafe *noch* Bienen. Aber – ich musste auch nicht meinen Schafen beibringen, Honig zu sammeln. Und vielleicht ist genau deshalb für deine Mitarbeiter alles noch etwas schwieriger.«

»Worum es mir geht«, fährt er fort, »ist die andere Seite. Die des Schafhirten. Das Führen der Herde. Bienen brauchen keine Führung. Ein Bienenvolk kann in der Natur ohne Imker problemlos überleben. Als Imker hat man sicher einen gewissen Einfluss, aber das ist völlig anders als bei Schafen. Und das war *ich* nicht gewohnt. Ich kannte meine Schafe und meine Herde. Und es hat mich eine Menge Zeit gekostet, ehe ich begriffen hatte, wie das mit den Bienen läuft.

Schlimmer noch, ich musste alles komplett anders anpacken! Was bei meinen Schafen immer funktioniert hatte, brachte bei den Bienen überhaupt nichts. Und umgekehrt. Ich war derjenige, der vieles lernen musste, nicht die Bienen. Ich musste lernen, was als Imker zu tun ist. Deshalb habe ich vorhin davon angefangen. Denn wie heißt es so schön: ›Was Hänschen nicht lernt, lernt Hans nimmermehr!‹

»Du wirst herausfinden müssen, was du tun und was du lassen musst und was du besser nie wieder vergisst.«

Ich denke, du musst dich auf die Suche nach deinen ›Imkerregeln‹ machen, so wie ich damals. Du musst schauen, was nicht mehr funktioniert und was es stattdessen braucht. Du wirst herausfinden müssen, was du tun und was du lassen musst und was du besser nie wieder vergisst. Und das ist nicht leicht. Ich musste alles von der Pike auf neu lernen. Daran erinnere ich mich noch gut.

Wo ich gerade davon spreche – irgendwo müssen noch meine Notizen von damals liegen. Anfangs wusste ich ja überhaupt nichts über Bienen, deshalb habe ich mir Notizen gemacht. Das ging besser als mit dem englischen Buch. Am Ende hatte ich es ganz gut hinbekommen und es lief nicht ganz verkehrt. Zumindest für eine Weile.«

Opa sieht plötzlich bedrückt aus und Mark fragt: »Und weshalb nur für eine Weile?«

»Nun, es ging wirklich gut«, antwortet Opa, »bis ... aber, warte mal. Ich habe eine Idee. Wenn du jetzt erst mal eine Runde ›Mountainbiken‹ gehst oder so, dann stöbere ich nach dem Notizheft. Komm gegen halb vier auf eine Tasse Tee vorbei. Dann schauen wir uns das mal zusammen an. Ob du damit was anfangen kannst, musst du dann selber sehen. Wenn's nach Ruth geht, soll ich nachmittags immer schlafen, aber ich schau mal, ob ich stattdessen das Heft auf dem Dachboden finden kann. Einverstanden?«

»Nicht zu übersehen, von wem Tante Ruth diese autoritäre Art geerbt hat«, denkt Mark mit einem Schmunzeln und antwortet: »Prima, Opa, ich komme heute Nachmittag wieder vorbei. Morgens und abends brauche ich starken Kaffee, aber nachmittags trinke ich am liebsten Tee.«

Als Mark aufsteht und zur Hintertür geht, hört er seinen Opa schon über das Notizheft murmelnd die Treppe raufpoltern. Mark ruft noch: »Ach ja, Opa, deine roten Pillen nicht vergessen!« Aber er ist sich nicht sicher, ob der ihn noch hört.

Den Rest des Vormittags ist Mark mit dem Mountainbike unterwegs. Dabei hat er genug Zeit, seine Gedanken zu sortieren. Hat Opa recht? Liegt die Veränderung in ihm? Und ist es für Mark und seine Mitarbeiter nicht ungleich schwerer? Opa tauschte seine Schafe gegen Bienen ein. Und die Bienen wussten genau, was zu tun ist. In Marks Situation müssen seine Mitarbeiter sich nun plötzlich völlig anders verhalten: Verantwortung übernehmen, sich selbst organisieren und einander korrigieren. Etwas, das vorher überhaupt nicht erforderlich war. Mark erwartet so gesehen ein komplett anderes Verhalten von exakt den gleichen Menschen. Ist das überhaupt fair? Ist das nicht besonders schwierig? Und ist die Wahrscheinlichkeit, dass sie demnächst wieder in ihr altes Verhalten zurückfallen, dadurch nicht viel größer?

Mark hat eine Eingebung. Ja, für seine Mitarbeiter ist es schwieriger, weil sie ihr Verhalten ändern müssen. Auf der anderen Seite sind Menschen viel flexibler und intelligenter als Bienen oder Schafe, an ihnen sollte es tatsächlich nicht scheitern. Diese Erkenntnis bringt ihn langsam dazu, über sich selbst nachzudenken. Wenn er sich nicht verändert, können seine Mitarbeiter sich nicht zu Bienen entfalten!

Liegt der Schlüssel tatsächlich bei ihm? Wenn *er* nichts anders anpackt, dann ist er nicht besser als ein Schäfer, der versucht, ein Volk Bienen unter Kontrolle zu halten. Das ist natürlich zum Scheitern verurteilt.

Während seiner Radtour wird ihm klar, dass es auch für ihn noch viel zu entdecken gibt. Er erkennt, dass jeder seiner »Anfängerfehler«, jedes erneute Eingreifen seine Mitarbeiter darin bestärken muss, dass Selbstorganisation gar nicht gewünscht ist. Denn – am Ende bleibt Mark ja der große Problemlöser.

Er begreift, dass er nach einer neuen Herangehensweise suchen muss, nach einer Art neuem Regelwerk – Spielregeln für *ihn selbst*. Wie nannte Opa das doch gleich? Ach ja, seine *Imkerregeln*. Wie führt man selbstorganisierte Teams? Wie behält man die Kontrolle? Wann sollte man nichts tun, obwohl alles in einem danach schreit, einzugreifen? Oder wann muss man trotz allem eingreifen, obwohl man das Gefühl hat, dass die Teams es selbst herausfinden sollten. Und wie greift man dann ein? Denn mit operativer Hilfe führt man ein Team ja nicht zur Selbstorganisation. Wie geht das nun genau?

»Wie sieht diese neue Art von Führung nun eigentlich aus?«, fragt sich Mark auf dem Fahrrad. Ihm wird klar, dass er die neuen Spielregeln noch gar nicht kennt. Nun, vor Kurzem hat er zugesagt, einen Vortrag innerhalb des Weiterbildungsprogramms für neue Manager und Betriebsleiter zu halten. »Vielleicht ist es ja eine gute Idee, dann über das Führen von selbstorganisierten Teams und dessen Umsetzung in die Praxis zu sprechen. Mal sehen, ob ich während dieses Urlaubs die Präsentation vorbereiten kann«, denkt er. »Ich kann ja Opa noch ein bisschen ausfragen, wie das mit den Schafen und den Bienen ist. So habe ich gleich eine treffende Analogie für meinen Vortrag!«

Dann wandern seine Gedanken zu Sandra. Wenn er ehrlich ist, kann er es ihr kaum übelnehmen, dass sie den kurzen Urlaub ihrer Arbeit geopfert hat. Wie viele Abende und Wochenenden hatte er selbst nicht schon kurzfristig arbeiten müssen? Mark seufzt. Das muss doch anders gehen.

Gegen zwei, nachdem er unterwegs noch zu Mittag gegessen hat, ist er wieder zurück am Haus von Tante Ruth. Die salzige Seeluft und die Anstrengung tun ihm gut, machen aber auch müde. Wenn er sich jetzt aufs Bett fallen lässt, schläft er sicher für ein Stündchen. Aber was soll's, er hat Urlaub. Warum also nicht?

3 Bienen scheren

Fünf nach halb vier ist Mark wieder bei seinem Opa. Der sitzt schon am Tisch. An seinem grauen Pferdeschwanz hängen noch ein paar Spinnweben. Mark muss darüber lächeln. Eine große Kanne Tee steht dampfend mitten auf dem Tisch. Es ist schön, dass Opa trotz seines Alters noch so gut alleine klarkommt. Er ist schon weit über neunzig. Sicher, Tante Ruth wohnt nebenan und unterstützt ihn. Und mit all seinen alten Zeitungen herrscht manchmal ein wenig Durcheinander. Aber alles in allem sieht es doch ordentlich aus. Beim Anziehen geht es da schon eher mal bunt zu. Opa trägt zwar konsequent ein Oberhemd und darüber einen Pullover, doch irgendwie kriegt er es immer wieder hin, dass sich die Farben beißen.

Opa heißt ihn lachend willkommen: »He, Junior, setz dich! Ich habe mein Notizheft gefunden. Bin ja schon ein Weilchen nicht mehr auf dem Dachboden gewesen. Mann, ist es da staubig.« Ein Hustenanfall schüttelt ihn und er trinkt einen Schluck Tee.

»Da liegt noch viel mehr alter Kram rum. Ich habe sogar eine ganze Sammlung Dias gefunden, mit Projektor! An den konnte ich mich überhaupt nicht mehr erinnern. Nachdem du weg warst, habe ich eigentlich die ganze Zeit auf dem Dachboden gehockt. Aber – kein Wort zu Tante Ruth, hörst du! Die macht sich immer Sorgen, wenn ich meinen Mittagsschlaf ausfallen lasse. Und immer diese Quengelei wegen der Pillen. Übrigens, heute Morgen habe ich sie wirklich vergessen. Nun ja, dann eben jetzt.«

Er sucht unter den Zeitungen nach seiner Pillendose und holt zwei große rote Pillen heraus. »Wie Smarties, Junge, nur eben zum Wachwerden.« Er nimmt sie mit einem Schluck Tee ein und hustet noch einmal.

»Schau her, hier habe ich die Notizen!«, ruft Opa. Triumphierend hält er ein altes, abgegriffenes und schmuddeliges Schulheft hoch. Es hat wohl die Zeit auf dem Dachboden überlebt, doch so wie es aussieht, wurde es intensiv benutzt.

»Ich musste ein bisschen kramen. Am Ende lag es in einer Kiste mit Imkerkleidung. Ich habe schon mal ein bisschen geblättert und etwas gefunden, das ich völlig vergessen hatte.«

»Oh ja, was denn?«, fragt Mark interessiert.

»Nun«, antwortet Opa, »ich hatte völlig vergessen, dass mein größter Fehler war, dass ich bis zum Ende gewartet habe. Bis zum Ende vom Herbst.«

Mark schaut verwundert: »Wie meinst du das?«

»Schau, meine Schafe habe ich so spät wie möglich geschoren«, antwortet Opa. »Die Wollmenge und die Dicke des Fells bestimmten, wie viel es einbringen würde. Also wartete ich immer so lange wie möglich.

Das habe ich mit meinen Bienen auch gemacht. Und weißt du was – Bienen sind in dieser Hinsicht völlig anders. Wenn du bis zum Schluss wartest, haben sie ihren Kasten voll und hören auf. Sie sammeln, um ihr Volk auf den Winter vorzubereiten. Und wenn sie damit fertig sind, dann hören sie auf. Der größte Teil des Volks stirbt dann. Viele Menschen wissen das nicht, aber jedes Jahr sterben 85 Prozent eines Bienenvolks. Kurzum, weil ich bis zum Schluss wartete, hatte ich weniger Honig, da die Bienen schon starben.

Es hat eine ganze Weile gedauert, ehe ich begriff, dass man Bienen zwischendurch schon mal ›scheren‹ muss, wenn du verstehst, was ich meine. Man muss regelmäßig die vollen Rahmen entnehmen. Denn sobald man den Honig aus dem Bienenkasten holt, sammeln die Bienen neuen. Und zwar solange es noch Platz im Kasten gibt. Sobald sich also der Kasten füllt, muss man wieder Platz schaffen, sonst hören die Bienen auf, Honig zu erzeugen.

Ich weiß nicht so recht, warum ich dir das alles erzähle, aber dieses regelmäßige ›Scheren‹ war so etwas, das ich erst entdecken musste. Und nun hatte ich es doch schon wieder vergessen! Kannst du damit was anfangen oder war das wirklich nur für mich wichtig?«

Mark denkt kurz nach, ehe er antwortet: »Ja, das kenne ich auch. Das gibt es auf ganz unterschiedliche Weise auch in Unternehmen. Zum Beispiel im Monats- oder Jahresabschluss. Gut oder schlecht spielt keine Rolle mehr: Die Zähler werden auf null zurückgesetzt, und jeder kann wieder neu beginnen. Das gilt auch für meine Arbeit. Aber, wenn ich ehrlich bin, warten wir oft doch länger. Da haben wir große Projekte und die bündeln wir in noch größeren Projekten. Und weil wir dann versuchen, alles so straff und effizient wie möglich aufzusetzen, planen wir so, dass alles erst zum Ende fertig wird. Dann klappt das nicht und es dauert länger, und schon werden solche Projekte total chaotisch und am Ende kommt nichts dabei heraus!

Außerdem haben wir dann noch die erfolgsbasierte Vergütung«, fährt er fort. »Das kommt dem ›Scheren‹ wohl noch am nächsten. Aber auch da warten wir bis zum Schluss. Denn wir schauen erst am Jahresende, wer einen Bonus bekommt. Erst dann ›scheren‹ wir unsere Mitarbeiter. Es könnte sein, dass Menschen manchmal auch aufhören, bevor es an der Zeit ist, genau wie die Bienen. Dann aber damit, sich selbst weiterzuentwickeln.

Wenn ich das jetzt so erzähle, wird mir klar, dass darin vielleicht eine der Ursachen liegt. Je länger wir mit dem Ernten der Ergebnisse warten, desto größer wird die Wahrscheinlichkeit, dass etwas schiefgeht!«

»Nun«, reagiert Opa, »etwas größer machen, damit habe ich auch Erfahrungen gesammelt. Das erkenne ich wieder. Ich habe einmal einen riesengroßen Bienenkasten gebaut. Wirklich enorm groß. Weißt du, für einen Schafhirten ist eine große Herde ein Stück einfacher zu handhaben als mehrere kleine. Schließlich kann man nicht überall zugleich sein. Deshalb dachte ich, mit den Bienen ist es wie bei meinen Schafen: Je größer der Kasten ist, desto mehr Bienen passen rein, und dann gibt es auch mehr Honig. Aber so funktionierte das leider nicht. Als ich am Ende der Saison den Kasten ernten wollte, war das ein völliger Reinfall. Warum? Ein Bienenvolk mag keine übergroßen Kästen. Ihnen fehlt es nämlich an ›Manpower‹, um den ganzen Kasten zu füllen. Und so nimmt das Bienenvolk Reißaus, verlässt den Kasten und baut sich irgendwo anders ein Bienenstock. Wenn ich häufiger den Honig geerntet hätte, so wäre mir viel früher aufgefallen, dass so ein übergroßer Kasten nicht funktioniert.«

Er fährt fort: »Ich musste erst lernen, dass es für Bienen genau das Richtige ist, wenn man den Honig aus dem Kasten holt. Als Imker nimmt man die vollen Rahmen heraus und hängt dafür leere zurück. So haben die Bienen wieder Arbeit. Solange es ausreichend Blüten gibt, machen Bienen weiter. Das bringt mehr Honig ein. Ein weiterer Vorteil war, dass ich schon viel früher den Honig kosten konnte. Es heißt nicht umsonst: ›Probieren geht über Studieren‹!«

»Damit kann ich durchaus etwas anfangen«, sagt Mark. »Meine Leute freuen sich über Erfolge. Sie sind froh, wenn sie sehen, dass etwas gelingt und dass die Kunden sich über die Ergebnisse ihrer Arbeit freuen. Aber, ganz ehrlich, wir feiern diese Art von Erfolgen viel zu wenig. Für das Ernten von Honig wie für das Feiern von Erfolgen gilt offenbar: Je öfter, desto besser!«

»Vorsicht!«, sagt Opa. »Ja, es ist gut, häufiger als nur einmal am Ende zu ernten. Aber auch nicht zu oft, hörst du! Ich musste wirklich erst herausfinden, wie oft ich den Honig ernten kann. Als ich dann irgendwann viele Kästen hatte, da entstand wie von selbst ein Rhythmus.«

»Also, das mit dem Rhythmus habe ich schon öfter gehört«, sagt Mark. »Bei uns im Unternehmen gibt es einen Coach, der mir das auch immer wieder erzählt. Er hat mir sogar vorgeschlagen, mit dem gesamten Führungsteam künftig in einem festen Rhythmus zu arbeiten. Jede Woche soll dann in puncto Meetings exakt gleich ablaufen. Aber das geht bei uns wirklich nicht. Probleme lassen sich doch nicht planen! Ist so'n bisschen ein Oberschlauer, der Typ. Er bleibt dabei, dass das in allen anderen Unternehmen auch funktioniert hat, dass ich es erst begreife, wenn ich es probiert habe, und dass ich bisher regelrecht auf Probleme gewartet habe. Sein Lieblingsspruch ist: ›*Kontinuierliche Verbesserung ist wichtiger als auf irgendwann später verschobene Perfektion.*‹ Pah … der Besserwisser!«

Opa ist still. Er starrt vor sich hin und sagt dann: »Ja, über Besserwisser weiß ich Bescheid. Wir hatten hier auch mal so einen: Wilhelm. Aber das ist eine andere Geschichte. Deiner hat übrigens in einer Sache recht: Man sollte nicht alles bis zum Schluss aufschieben. Honig muss man oft ernten! Das hatte für mich auch noch einen anderen Vorteil. Weißt du, welchen?«

»Nun?«, fragt Mark.

»Die Honigernte ist wirklich beschwerlich. Die Bienen sind davon nicht begeistert und man muss den richtigen Moment abpassen. Deshalb raucht man als Imker auch eine spezielle Pfeife, einen ›Smoker‹. Damit bläst man Rauch in den Kasten und dann verhalten sich die Bienen still. Dann sind sie zahm wie Lämmer.«

Opa lächelt kurz, als er merkt, dass er unbewusst Bienen mit Schafen verglichen hat. Dann fährt er fort: »Aber das Wichtigste ist: Je öfter man erntet, desto besser wird man darin, und zwar man selbst als Imker. Letztlich geht es nämlich um den Honig. Häufiger ernten sorgte dafür, dass ich beim Honigsammeln besser wurde!«

»Das kommt mir auch bekannt vor«, sagt Mark begeistert. »Bei uns haben wir den Hang, die Dinge zu verschieben und hinauszuzögern, bis sie perfekt sind. Das ist im Prinzip auch nicht verkehrt, denn was spricht gegen Qualität? Doch auf der anderen Seite kann man so nicht lernen, schnell und häufig zu liefern. Es entsteht die Tendenz, die ›Lieferung‹ zu verschieben und es somit seltener zu tun. Wir haben zum Beispiel drei Jahre gebraucht, ehe Kunden bei uns im Internet bestellen und nach Hause liefern lassen konnten. So etwas können wir uns heute nicht mehr erlauben.«

»Das kenne ich auch«, antwortet Opa. »Kunden warten nämlich nicht. Die kaufen ihren Honig einfach woanders. Deshalb brauchte ich eine Menge Kästen und Völker, weißt du!«

Sie sind noch mitten im Gespräch, als Tante Ruth mit zwei dampfenden Töpfen hereinkommt. Sie beginnt sofort, den Tisch abzuräumen. Tassen und Teekanne verschwinden in der Küche.

»Reich mir doch mal die alte Teekanne da unter den Zeitungen ruber«, sagt sie zu Opa.

»Nein, die kriegst du nicht«, antwortet er. »Das ist Zitronentee, den trinke ich heute Abend nach dem Essen. Zitronentee schmeckt viel besser, wenn er kalt ist.«

Derweil hilft Mark beim Tischdecken. Es gibt Stampfkartoffeln mit Frikadellen. So richtig schmeckt es nicht, weil Tante Ruth für Opa salzlos kocht.

Das hatte Mark völlig vergessen. »Ich muss daran denken, morgen ein Päckchen Salz zu kaufen«, denkt er bei sich.

Sie sind gerade mit dem Essen fertig, als sein Handy klingelt. Es ist Sandra. Sie verliert kein Wort mehr darüber, dass er alleine in Urlaub gefahren ist. Offenbar hat sich der erste Ärger inzwischen gelegt. Mark geht hinaus, um in Ruhe mit ihr zu reden. Er erzählt ihr von der Insel und wie es mit Opa und Tante Ruth so geht.

Der Grund für Sandras Anruf ist offenbar ihre Tochter Mandy, ein hübsches, fröhliches Mädchen, das es liebt, richtig zuzupacken. Sie ist am Gymnasium und kommt dort gut zurecht. Trotzdem gefällt es ihr dort nicht, sie findet es viel zu theoretisch. Mandy ist am liebsten ständig aktiv, und das Stillsitzen in der Schulbank ist nichts für sie. Glücklicherweise hat sie Freitagnachmittag und am Samstag einen Nebenjob im Krankenhaus. Darin geht sie voll auf. Aus diesem Grund ruft Sandra an. Mandy hat eine Berufsausbildung angeboten bekommen, die sie mit der Arbeit im Krankenhaus verbinden kann. Das ist total ihr Ding, sie ist hellauf begeistert, und Sandra unterstützt sie darin. »Folge deinem Herzen und deiner Leidenschaft, dann findest du immer dein Ziel« ist einer ihrer Lieblingssprüche.

Mark ist da nicht ihrer Meinung. Es dauert nur noch zwei Jahre, dann hat Mandy ihr Abitur in der Tasche. Danach kann sie jederzeit in die Krankenpflege gehen, wenn sie das will. Sie kann aber auch Medizin studieren und Ärztin werden. »Ein Abitur kann dir keiner wegnehmen«, hört er sich zu Sandra sagen. »Ich finde das keine gute Idee. Sie kann doch einfach erst mal das Gymnasium fertig machen. Warum jetzt so Knall auf Fall aufhören? Vielleicht ist es ja auch nur eine Laune!«

Im Hintergrund kann er Mandys ärgerliche Stimme hören. Offensichtlich hört sie mit. »Papa kann mich mal!«, ruft sie heftig. »Ich mache es doch. Ob er es nun gut findet oder nicht!«

Sandra versucht, die Situation zu beruhigen. Schließlich sagt sie: »Mark, schlaf erst einmal eine Nacht darüber. Wenn Mandy ihrer Leidenschaft folgen will, wird sie für sich selbst entdecken, ob das eine gute Wahl ist oder nicht.«

Mark antwortet verärgert: »Wir lassen Mandy doch ihre Zukunft nicht so einfach wegwerfen! Warum unterstützt du sie darin? Nur noch zwei Jahre durchhalten auf dem Gymnasium, dann kann sie an der Universität studieren!«

Sie kommen nicht weiter. Mark legt ärgerlich auf. Das ist nun schon das zweite Mal diese Woche, dass sie sich streiten.

Nach diesem wenig erfreulichen Gespräch geht Mark wieder zurück in Opas Haus. Tante Ruth hat schon das schmutzige Geschirr in eine Schüssel geräumt. Zusammen laufen sie zu ihrem Haus hinüber und waschen ab. Mit der Hand, natürlich.

Opa sah schon recht müde aus, als sie gingen. Er versprach dann auch, nicht zu spät ins Bett zu gehen. Mittagsschlaf hatte er ja heute auch nicht. Als Mark und Tante Ruth das Haus verlassen, holte er gerade die Kanne unter den Zeitungen hervor, um sich eine Tasse Zitronentee einzugießen. Danach würde er dann schlafen gehen.

Als Mark nach dem Abwaschen in seinem Zimmer ist, nimmt er sich sein iPad. Er öffnet eine neue Präsentation mit dem Titel: »Führen von selbstorganisierten Teams, was bedeutet das?«

Innerhalb einer Viertelstunde fasst er die Lektion von heute zusammen. Die erste Seite sieht so aus:

Lektion 1: Regelmäßig Ergebnisse ernten

- **Verwertbare Ergebnisse sind das einzige Maß für Fortschritt**
  Nur Ergebnisse, die *wirklich* fertig sind, bieten einen Nutzen für Kunden. Führen Sie deshalb ergebnisorientiert. Ergebnisse aufschieben birgt Risiken, denn so sehen Sie zwischenzeitlich keinen Fortschritt und lernen viel zu spät, ob etwas funktioniert oder nicht und ob etwas wertvoll ist.

- **Oft und regelmäßig liefern ist entscheidend**
  Liefern Sie oft, das sorgt für zufriedene Kunden. Und ganz nebenbei werden Sie so auch noch besser darin, weil Sie es häufiger tun. Zufriedene Kunden wirken zudem stimulierend. Je häufiger Sie liefern und Ergebnisse erzielen, desto eher wird Qualität sichtbar. Das führt zu mehr Anerkennung und Motivation.

- **Belohnen soll man nicht aufschieben**
  Wir belohnen und loben, um unseren Mitarbeitern Anerkennung zu zollen. Wenn Sie den richtigen Moment verpassen, hat es keinen Effekt mehr auf die Arbeit und die Entwicklung der Mitarbeiter. Und das wäre jammerschade.

- **Ein fester Rhythmus hilft**
  Rhythmus vereinfacht und gibt Struktur. So ist immer klar, wann das nächste Ergebnis erwartet werden kann. Danach wird der Zähler wieder auf null zurückgesetzt und jeder kann neu starten. In einem festen Rhythmus arbeiten und nutzbare Ergebnisse liefern – mehr ist nicht nötig.

Danach hört Mark seinen Anrufbeantworter ab und beantwortet noch ein paar E-Mails. Ihm fällt auf, dass viele operative Themen dabei sind. Allein drei Anrufe über die neuen Selbstscanner und die technischen Entscheidungen, die dafür getroffen werden müssen. »Selbstorganisation ist noch in weiter Ferne«, denkt er bei sich. Er schreibt eine lange E-Mail an das Projektteam und umreißt, was zu tun ist und welche Schnittstellen angepasst werden müssen.

Dann schickt er noch eine kurze Nachricht an Sandra: »*Sorry für vorhin. Finde es äußerst unvernünftig. Denk bitte nochmal gut nach. Rufe dich morgen an. :-****«

4 Lex

Am folgenden Morgen versucht Mark auszuschlafen, doch es will ihm nicht gelingen. Schon früh liegt er wach und denkt über die Situation mit Mandy nach. Ihm ist schon klar, dass die Arbeit im Krankenhaus genau ihr Ding ist. Eigentlich passt so eine Berufsausbildung richtig gut zu ihr. Sie ist schließlich eine, die zupacken kann. Aber es wäre so schade um ihr Abitur. Das Lernen fällt ihr einigermaßen leicht und sie hat das Zeug dazu, um zur Universität zu gehen und später vielleicht sogar Ärztin zu werden. Nach diesen letzten zwei Jahren hat sie ein Abiturzeugnis in der Tasche und damit alle Chancen für ihre Zukunft. Danach kann sie sich ja immer noch entscheiden, Krankenschwester zu werden.

Am meisten jedoch ist er von Sandra enttäuscht. Mark kommt es vor, als wäre hinter seinem Rücken alles schon beschlossen. So etwas entscheidet man doch gemeinsam! Er versucht, wieder einzuschlafen, wälzt sich aber nur hin und her.

Am Ende ist es doch halb zehn, als er in Tante Ruths Küche auftaucht. Sie schaut überrascht auf. »Was? Bist du jetzt erst aufgestanden? Ich dachte, du bist so ein Frühaufsteher?«

»Normalerweise schon«, antwortet Mark. »Aber ich habe unruhig geschlafen und viel über meine Arbeit und so nachgedacht«. Über die Situation mit Mandy erzählt er lieber nichts. Tante Ruth steckt gern ihre Nase überall rein. Er würde ihr sogar zutrauen, dass sie bei Sandra und Mandy deswegen anruft.

Sie schüttelt den Kopf. »Armer Junge. Was machst du nur? Du bist im Urlaub und zerbrichst dir den Kopf über deine Arbeit. Das kann nicht Sinn der Sache sein. Schließlich sollst du dich doch entspannen.«

»Wenn du das nächste Mal nicht schlafen kannst«, fährt sie fort, »dann sag es ruhig. Dann koche ich dir eine Tasse Fencheltee. Den trinke ich auch immer, bevor ich schlafen gehe.«

»Tante Ruth, du bist ein Schatz«, antwortet Mark. »Beim nächsten Mal denke ich dran. Darf ich mir nun etwas zum Frühstück machen?«

»Kommt gar nicht infrage!«, sagt sie. »Du gehst jetzt duschen und ich bereite inzwischen das Frühstück vor. Am Ende krieg ich so doch noch meinen Willen!« Sie lacht. »Hast du schon Pläne für heute?«

»Ja«, nickt Mark. »Ich denke, ich mache mit Opa einen Ausflug mit dem Auto. Die Sonne scheint. Da können wir schön ein Stückchen fahren.«

»Aber pass bitte auf«, reagiert sie sofort. »Gestern Nachmittag hat er ständig gehustet. Er ist eben nicht mehr der Jüngste. Und lass das Dach von deinem komischen Auto zu, hörst du. Ein Auto ohne Dach, verrückter geht's wohl nicht mehr. Am Ende wird dein Opa noch krank!«

»Aber sicher«, antwortet Mark. »Kein Problem. Das Dach bleibt zu. Das ist bei dem warmen Wetter für Opa bestimmt viel besser. Und ich schalte die Klimaanlage an, dass ihm nicht zu warm wird!«

Noch ehe Tante Ruth erwidern kann, dass eine Klimaanlage vielleicht auch nicht so gut ist, spurtet Mark die Treppe hoch. Er beginnt langsam zu begreifen, was Opa mit »Überbesorgtheit« meint.

Opa freut sich sehr über diesen Vorschlag. Etwas steif steigt er am Nachmittag in Marks Auto. Er hat seinen alten Hirtenstab dabei: ein langer Stock mit der charakteristischen Krümmung am Ende. Opa ist nicht mehr so gut zu Fuß und benutzt den Stab als Wanderstock. Es ist eine ziemliche Fummelei, das lange Ding in Marks Auto reinzukriegen.

Tante Ruth hatte darauf bestanden, dass es erst nach Opas Mittagsschlaf losgeht. Außerdem soll Opa im Auto einen Schal umbinden, weil sie Sorge hat, dass es zu kalt für ihn wird. Sie kommt mit einem kanariengelben Schal angelaufen. An der Farbwahl erkennt Mark sofort, dass Tante Ruth das Gespür für Mode von ihrem Vater geerbt hat. Die Farben von Opas Hemd und Pullover beißen sich schon, aber mit dem gelben Schal sieht die Kombination noch gewagter aus. Opa brummt noch, ob sie denn nun völlig meschugge sei, ihm bei diesem schönen Wetter einen Schal umzubinden, aber am Ende gibt er klein bei. Wahrscheinlich aus Angst, dass er sonst überhaupt nicht weg darf.

Inzwischen rauschen sie zusammen über die Insel. Mit offenem Verdeck. Opa hat darauf bestanden. »Bist du denn jetzt völlig verrückt geworden«, hat er Mark angemotzt, »bei solchem Wetter fährt man offen! Ist dieses Besorgtheitsvirus vielleicht ansteckend? Ruth hat es und du kriegst es auch schon? Aufmachen das Ding! Ich will in der Sonne sitzen!« Es ist ihm allerdings wichtig, dass sie vorher aus der Sichtweite seiner überbesorgten Tochter verschwunden sind. Und genau so machten sie's. Opas lange graue Locken wehen in alle Richtungen.

Es wird eine schöne Tour über die Insel. Mark findet sich nicht mehr so gut zurecht, aber Opa kennt jeden kleinen Weg und Steg. Viele davon sind mit dem Auto leider nicht zugänglich, aber nichtsdestotrotz kommen sie in Ecken, in denen Mark noch nie vorher gewesen ist. Ihm ist inzwischen auch völlig klar warum. Opa ist natürlich ständig mit seinen Schafen über die Insel gezogen. Und später standen seine Bienenkästen überall. Kein Wunder also.

Als sie später an diesem Nachmittag in einem Café einen Tee trinken, kommt Mark noch einmal auf ihr Gespräch vom Vortag zurück.

»Weißt du, Opa, ich habe mir alles noch einmal durch den Kopf gehen lassen. Das mit den Bienen und der Selbstorganisation, das kann irgendwie nicht stimmen. Wenn ich das richtig in Erinnerung habe, dann gibt es innerhalb eines Bienenvolks eine sehr strikte Rollenverteilung und nur eine Königin.«

»Und eine weitere Besonderheit ist, dass ein Bienenvolk seine Königin selbst wählt. Als Imker hat man da nichts zu melden.«

Opa scheint freudig überrascht über diese Frage und antwortet: »Weißt du, in gewisser Weise stimmt schon, was du da sagst. Ein Bienenvolk hat eine strikte Rollenverteilung und es gibt genau eine Königin. Aber – jetzt pass auf – sie ist nicht der Boss, weißt du. Die Königin legt die Eier und sorgt so für die Nachkommen. Das ist der Grund für ihren Titel. Es hat nichts mit ›der Boss sein‹ zu tun. Und eine weitere Besonderheit ist, dass ein Bienenvolk seine Königin selbst wählt. Als Imker hat man da nichts zu melden. Als ich noch Schäfer war, lief das völlig anders. Da legte ich fest, welcher Schafbock zu den Schafen durfte. Da bestimmte ich alles.«

»Aber Opa«, fragt Mark, »gibt's denn in einer Schafherde keinen Chef? Ist das wirklich der Hirte? Gibt es nicht so was wie ein Leitschaf? Das Sprichwort sagt doch nicht von ungefähr: ›Wenn *ein* Schaf über dem Damm ist, folgen die anderen.‹ Das heißt doch, dass es eins gibt, das anführt.«

»Hahaha, Junge«, lacht Opa. »Von Schafen verstehst du wirklich nicht viel. Nein, Schafe folgen einfach dem Schaf, das vor ihnen läuft. Völlig egal, welches das ist. Aber wo du es sagst: Es gab doch jemanden in meiner Herde, der so etwas wie der Chef war – Lex!«

»Lex?«

»Ja, Lex. Mein Hund. Auf den hörten alle Schafe. Der konnte treiben. Wirklich, ein prächtiger Hund. Ich habe immer noch ein Foto von ihm im Portemonnaie. Schau, hier.«

Opa wühlt in der Hosentasche nach seinem Portemonnaie und zeigt Mark dann ein zerknittertes Schwarzweißfoto von sich und einem Border Collie. So einem typischen Hund für einen Schäfer. Opa sieht stolz aus auf diesem Foto. Langes blondes Haar hängt über seine Schultern. Im Hintergrund ist eine große Schafherde zu sehen und davor er mit dem Hirtenstab in der Hand. Genau derselbe Stab, den er heute zum Laufen benutzt.

»Lex war wirklich der allerbeste. Dem reichte ein halber Befehl. Der wusste genau, wie er die Schafe treiben und zusammenhalten musste. Großartig! Ein kurzes Bellen reichte aus. Die Schafe hatten eine Menge Respekt vor ihm.

Aber er beschützte die Schafe auch. Wir hatten einmal zwei frei laufende wilde Hunde hier auf der Insel. Die versuchten, Schafe zu reißen und zu fressen. Aber das gelang ihnen nicht. Lex konnte bellen, sag ich dir. Und auch beißen. Am nächsten Tag waren drei Schafe voller Blut – aber es war kein Schafsblut. Es war von den Hunden. Lex hatte gekämpft – um sein Leben *und* das Leben der Herde!

So gesehen gab es tatsächlich so etwas wie einen Boss bei den Schafen – und das war Lex. Und ich war dann natürlich der Boss von Lex. Eine ganz klare Aufteilung.«

Mark denkt nach und antwortet dann: »Hmm, ja, bellende Hunde. Davon laufen bei uns auf der Arbeit auch ein paar rum. Die können ordentlich bellen. Wir nennen sie Manager.« Er lacht. »Projektmanager, Marketingmanager, Teammanager, Abteilungsmanager, HR-Manager und so weiter. Der eine bellt etwas lauter als der andere, aber bellen können sie alle. Und einige beißen sogar. Es sind ein paar dabei, die man recht gut mit Lex vergleichen kann. Die Art und Weise, wie sie ihre Mitarbeiter behandeln, erinnert wirklich an das Treiben einer Herde.

Was hast du eigentlich mit Lex gemacht, als du mit den Bienen angefangen hast? Und was ist aus deinen Schafen geworden?«

»Meine Schafe übernahm ein neuer Hirte«, antwortet Opa. »Das regelte der Inselrat. Aber von Lex habe ich mich nicht getrennt. Der sollte bei mir bleiben. Er war schließlich mein Hund und wir gehörten zusammen. Ich konnte ihn nicht weggeben. Also habe ich Lex behalten.«

Opa schließt die Augen und seufzt tief. »Na das war was, am Anfang. Das ging voll daneben. Also – nicht dass ich versucht hätte, mit dem Hund die Bienen zu treiben. So schlau war ich ja noch. Aber ich nahm Lex doch mit zu den Bienen.«

»Und funktionierte das, Opa?«

»Nein Junge, überhaupt nicht. Lex war völlig überflüssig. Alle Aufgaben, die er bei den Schafen hatte, erledigten die Bienen selbst. Bei der Herde half Lex beim Treiben. Bei Bienen ist das nicht nötig. Und nachts hielt Lex Wache. Das ist bei Bienen auch nicht nötig. Das können sie selbst viel besser.

Ein Stich einer Biene ist oft schmerzhafter als ein Hundebiss. Es heißt nicht umsonst: ›Bienchen zart und klein, hat 'nen Stachel voller Pein‹.

> **Nein, Bellen funktioniert bei Bienen nicht. Bienen muss man eher in Ruhe lassen. Also – besser kein Gebell!**

Anfangs nahm ich Lex immer noch mit zu den Kästen, aber die Bienen haben das Bellen nicht vertragen. Die wurden davon nervös. Und das war schlecht für den Honig. Nein, Bellen funktioniert bei Bienen nicht. Bienen muss man eher in Ruhe lassen. Also – besser kein Gebell!

Lex und die Bienen waren kein gutes Gespann. Ich kann mich noch erinnern, dass er ganz am Anfang mal eine aus der Luft schnappte. Er sprang nach ihr und schnappte sie einfach so im Flug. Das Biest stach ihn in die Zunge. Lex heulte und winselte. Dann rannte er weg und blieb den ganzen Tag verschwunden!

Ein anderes Mal sprang er sogar gegen einen Bienenkasten. Der halbe Schwarm ging auf ihn los. Das war wirklich gefährlich. Zum Glück war er schneller und konnte in einen tiefen Wassergraben springen. Keine Ahnung, was sonst mit ihm passiert wäre.

Danach habe ich ihn dann lieber zu Hause gelassen. Und weißt du, was das Schlimmste daran war?«

»Keine Ahnung, Opa. Was denn?« antwortet Mark.

»Irgendwann war er einfach nicht mehr Lex, wie ich ihn kannte. Er war wirklich gut bei seiner Arbeit mit den Schafen. Das tat er für sein Leben gern. Als er nichts mehr zu tun hatte, wurde er lustlos. Es war wirklich zum Heulen, ihn so zu sehen. Eine Zeit lang dachte ich noch, er sei krank. Er blieb morgens einfach in seinem Korb liegen. Es war kein bisschen Leben mehr in ihm. Irgendwann habe ich mich entschlossen, dem ein Ende zu setzen. So konnte es wirklich nicht weitergehen.«

»Hast du ihn einschläfern lassen?«, fragt Mark erstaunt und erschrocken.

»Natürlich nicht, Junge!«, reagiert Opa mit energischem Tonfall. »Was denkst du denn von mir? Nein, ich habe ihn weggegeben. Habe ihn dem Hirten gegeben, der meine Herde übernommen hatte. Der hatte zwar schon einen Hund, konnte aber gut noch einen zweiten gebrauchen. Der Mann war glücklich mit Lex. Und Lex vielleicht sogar noch mehr mit ihm. Ich hab später noch einmal vorbeigeschaut und da war er voll in seinem Element.«

»Und wie war es für *dich*? Eigentlich hast du ja, genau wie Lex, immer sehr genau festgelegt, was passierte. Wie war das dann, nicht mehr führen zu müssen? Wie fühlte es sich an, dass die Bienen alles selbst erledigten?«

»Loslassen war das Zauberwort. Ich musste darauf vertrauen, dass sie von Natur aus hart arbeiten wollen und alles hervorragend selbst regeln.«

Opa ist für einen Augenblick still und starrt in Gedanken versunken in die Ferne, als ob er über den Feldern Ausschau hält. Dann antwortet er: »Daran musste ich mich erst gewöhnen. Immerhin war es ja genau das, was mich zu einem der besten Schafhirten der Insel machte. Ich musste mir das regelrecht abgewöhnen. Ich erinnere mich noch an die erste Woche mit den Bienen. Damals setzte ich mich neben den Kasten. Natürlich in sicherer Entfernung. Aber ich blieb schon in der Nähe. Doch das war völliger Unsinn. Man sieht die Bienen fliegen, hat aber keine Ahnung, was sie tun. Man kann auch nicht jede Stunde im Kasten nachschauen, ob etwas passiert, denn das bringt sie nur durcheinander und dann gibt es keinen Honig. Am Ende stechen sie dich noch in den Hintern. Loslassen war das Zauberwort. Ich musste darauf vertrauen, dass sie von Natur aus hart arbeiten wollen und alles hervorragend selbst regeln. Ich *konnte* sie nicht nur in Ruhe lassen, sondern ich *musste* sie sogar in Ruhe lassen.

Und weißt du, was der Vorteil davon ist, Mark?«

Mark schüttelt den Kopf.

»Dadurch kann man viel mehr schaffen. Damals, mit den Schafen, da konnte ich nur *eine* Herde haben. Zusammen mit Lex zwar eine größere, aber es blieb *eine* Herde. Weil *ich* sie anführen musste und festlegen musste, wo die Schafe grasen und entlanglaufen sollten. Ich musste immer dabeibleiben.«

»Wie meinst du das?«, fragt Mark. »Ich glaube, ich kann dir gerade nicht folgen.«

»Als Imker«, erklärt Opa, »kann man viele Kästen haben. Jedes Volk hat seinen eigenen Kasten. Und als Imker kann man viele Völker haben. So ein Bienenvolk weiß schließlich selbst, was zu tun ist. Man muss sich nicht ständig darum kümmern und kann ruhig mal ein Weilchen wegbleiben. Wie viele Völker man halten kann, ist abhängig von der Anzahl blühender Pflanzen auf der Insel. Daran kann der Imker nichts ändern. Die Wollmenge hingegen hing von der Anzahl der Schafe ab und die war beschränkt durch Lex und mich. Nicht durch die Schafe oder das Weideland.

Weil die Bienen selbstständig waren und ich mich nur darum kümmern musste, dass der Honig herausgeholt wurde, konnte ich 150 Kästen auf der Insel aufstellen. 150! Mit Schafen war es undenkbar, mehr als *eine* Herde zu haben. Geschweige denn 150!

Ich musste nur noch überlegen, wo ich wie viele Kästen aufstellte. Das war alles.«

Mark denkt an die Anzahl selbstorganisierter Teams, die demnächst unter ihm arbeiten werden. Kurz schießt ihm der Gedanke durch den Kopf, ob er dadurch vielleicht weniger Manager braucht. Dann fragt er: »Ist das wirklich alles? Der Platz, wo der Kasten steht, die Anzahl Kästen *und* den Honig herausholen?«

»Aber im Großen und Ganzen ist das schon das Wichtigste: Die Kästen mit den Bienenvölkern strategisch richtig aufstellen, sodass sie ein Ziel haben. Anschließend regelmäßig den Honig einsammeln!«

»Ja, im Grunde schon«, antwortet Opa. »Es gab da zwar noch ein paar mehr Dinge, aber dazu muss ich in meine Notizen schauen. Aber im Großen und Ganzen ist das schon das Wichtigste: Die Kästen mit den Bienenvölkern strategisch richtig aufstellen, sodass sie ein Ziel haben. Anschließend regelmäßig den Honig einsammeln! Den Rest machen die Bienen nämlich selbst.«

»Ich kann mir nicht vorstellen, dass es bei uns auch so einfach ist, Opa«, sagt Mark. »Da muss ich noch einmal drüber nachdenken. Es kommt mir gerade ein bisschen *zu* einfach vor.«

»Mal langsam, Junge«, reagiert Opa. »Das ist ganz und gar nicht einfach. Im Gegenteil. Es ist ziemlich anstrengend. Man muss plötzlich auf viel mehr Dinge achten. Du musst nämlich viel mehr im Blick behalten als nur die Arbeit. Aber das erkläre ich dir ein anderes Mal genauer. Du denkst jetzt erst noch mal über das Anbellen der Bienen nach. Und vergiss dabei vor allem dich selbst nicht.«

Mark schaut ihn fragend an. »Wie meinst du das?«

»Nun, mir fiel gerade auf, dass du von deinen Managern sprachst, als es um das Bellen ging, doch dich selbst hast du ausgelassen. Ich weiß ja nicht, wie es bei dir ist, aber ich war damals der Boss von Lex und das bedeutete, dass ich ihn trainiert hatte, auf eine bestimmte Art zu arbeiten. Lex hörte sehr gut auf mich. Wie hast du deine Manager trainiert? Und – wie oft rennst du selbst durch die Gegend und bellst? Weißt du, jedes Mal, wenn du den Boss spielst und Aufträge erteilst, dann bellst du nämlich! Du nimmst es vielleicht gar nicht mehr als Bellen wahr, aber es sollte mich nicht wundern, wenn du genau das den ganzen Tag lang tust. Als du gestern Abend mit Sandra telefoniert hast – nun, das klang auch ziemlich wie Bellen. Wir konnten dich drinnen gut hören!«

»Wie hast du deine Manager trainiert? Und – wie oft rennst du selbst durch die Gegend und bellst? Weißt du, jedes Mal, wenn du den Boss spielst und Aufträge erteilst, dann bellst du nämlich!«

Nach kurzem Schweigen fügt Opa hinzu: »Mark, du bist Lex vielleicht ähnlicher, als du denkst! Und dass dir das niemand offen sagt, das wundert mich nicht.«

Mark ist völlig sprachlos. So hat sein Opa noch nie mit ihm gesprochen. Aber er spürt auch, dass Opa da einen empfindlichen Punkt getroffen hat. Er hatte, als er über all die Manager sprach, wirklich keinen Moment an sich selbst gedacht, sein Gespräch mit Sandra jetzt mal außen vor gelassen. Hören seine Mitarbeiter vor allem deshalb auf ihn, weil er Macht besitzt? Ist er wirklich schon eine inspirierende Führungskraft oder ist seine Leidenschaft, operative Probleme zu lösen, vielleicht ein Indikator dafür, dass er sich noch viel mehr verändern muss, als er denkt? Vor allem – bellt er zu Hause auch, um alles in den Griff zu bekommen?

Auf der Rückfahrt herrscht die meiste Zeit Ruhe im Auto. Mark denkt nach und Opa ist müde. Er schläft sogar ein. Mitten im Satz. Mark durchfährt ein Schreck, doch als Opa zu schnarchen beginnt, entspannt er sich wieder. Opas lange Haare hängen ihm zum Teil ins Gesicht und flattern bei jedem Schnarcher. Ein lustiger Anblick. »Es war ein schöner Tag, so zusammen über die Insel zu fahren«, überlegt Mark. »Herrlich in der Sonne, den Wind um die Ohren. Da ist es nicht verwunderlich, wenn Opa mal kurz ein Nickerchen macht.«

Als sie am Haus ankommen, wacht Opa auf. Er lädt Mark zu einer Tasse Zitronentee ein, doch der lehnt dankend ab. Er hat Tante Ruth versprochen, beim Kochen zu helfen. So kann er auch gleich dafür sorgen, dass wenigstens in einer Portion etwas Salz ist.

Sie essen zu dritt. Nach dem Abwaschen versucht Mark ein paar Mal mit Sandra zu telefonieren, erreicht aber immer nur ihre Mailbox. Auch Mandy geht nicht ans Telefon. So schnappt er sein iPad und fasst für sich zusammen, was er von dem Tag behalten hat. Eine zweite Seite mit Opas Lektionen ist, wie man sieht, schnell erstellt.

Als er damit fertig ist, ist es schon neun. Mark überlegt kurz, ob er noch einmal bei Opa vorbeischaut, lässt es aber dann. Die Tour über die Insel war anstrengend, und so geht er pünktlich ins Bett. Doch nicht, ehe er noch seinen Maileingang durchgeackert und per E-Mail ein paar Entscheidungen verschickt hat, um seinen Teams weiterzuhelfen.

In dieser Nacht träumt er von Krankenpflege-Diplomen, die man einfach an der Supermarktkasse kaufen kann.

Lektion 2:
Hören Sie auf, operativ zu führen

- **Vertrauen Sie den Teams**
  Ein selbstorganisiertes Team von Experten weiß selbst am besten, was zu tun ist. Und falls nicht, dann ist das eine Chance, es zu erlernen. Zweifeln Sie nie an ihrem Können und geben Sie ihnen Ihr vollstes Vertrauen.

- **Stellen Sie klar heraus, was das Team erfolgreich macht**
  Das Einzige, was zählt, sind Wert und Umfang der Ergebnisse. Geben Sie dem Team ein Ziel, sorgen Sie für Transparenz der Ergebnisse und lassen Sie alles andere das Team selbst regeln.

- **Hören Sie auf, anzutreiben/zu bellen**
  Vertrauen Sie darauf, dass Teams von Natur aus so effizient und effektiv wie möglich arbeiten wollen. Benutzen Sie nicht Ihre Macht, sondern sorgen Sie stattdessen dafür, dass die Teams verstehen, was in Ausnahmesituationen zu tun ist. Wenn Sie gezwungen sind, ein Machtwort zu sprechen, ist das ein Zeichen, dass Sie selbst etwas versäumt haben.

- **Machen Sie sich selbst überflüssig**
  Geben Sie Teams ein Ziel und dann den Raum, es völlig selbstständig zu erreichen. In Situationen, die schnelle Entscheidungen erfordern, muss vollkommen klar sein, was in der Hoheit des Teams liegt und was (noch) nicht. Sorgen Sie dafür, dass Sie dann nicht gebraucht werden.

5 Kästen und Rahmen

An diesem Morgen ist Mark in aller Herrgottsfrühe mit dem Mountainbike unterwegs. Es ist ein herrlicher Tag und Mark fährt durch die Dünen und auf dem Rückweg am Strand entlang. In den Dünen ist er allein, doch als er zum Wasser kommt, ist es damit vorbei. Eine Gruppe von Wanderern stapft über den Sand und mehrere Hunde tollen herum. Deren Besitzer schauen amüsiert zu.

Leicht erschöpft, aber zufrieden frühstückt Mark im Café am Rathaus und liest Zeitung. Hier fühlt er sich wohl. Erneut denkt er daran, welchen Einfluss dieser Ort auf das Leben seines Großvaters gehabt hat. Hier nahm damals alles seinen Anfang. Hier wurde Opa gebeten, aufgrund seiner Erfahrungen als Schäfer Bienen zu halten.

Je länger Mark darüber nachdenkt, desto merkwürdiger kommt es ihm vor. Warum sollte man jemand, der richtig gut in etwas ist, für andere Dinge einsetzen? Man verliert dadurch letztlich seinen besten Schafhirten. Schade um die Qualitäten seines Opas.

Mark telefoniert auch noch kurz mit Sandra. Sie hat wenig Zeit, weil es bei ihr gerade Stress auf der Arbeit gibt. Sie will abends zurückrufen. Gestern Abend war sie nicht zu erreichen, weil sie mit Mandy an einem Informationsabend für die Krankenpflegeausbildung teilgenommen hat. Mark ist überrascht und murrt etwas, aber Sandra muss auflegen. Ihre Arbeit geht vor.

Als Mark später am Vormittag zu seinem Opa kommt, fragt er als Allererstes: »Opa, eigentlich ist es doch völlig unlogisch, seinen besten Schäfer zu bitten, Imker zu werden, oder?«

»Wir wollten etwas völlig Neues machen, ohne dass wir damit irgendwelche Erfahrung hatten. Dazu setzt man dann am liebsten seine besten Leute ein.«

Opa, der noch in die Zeitung vertieft dasitzt, schaut etwas verärgert auf und antwortet: »Tja, da fragst du was. Ich hab da auch schon drüber nachgedacht. Ich glaube, dass der Inselrat kein Risiko eingehen wollte. Niemand hatte Erfahrung mit Bienen, weißt du. Das darf man nicht vergessen. Wir wollten etwas völlig Neues machen, ohne dass wir damit irgendwelche Erfahrung hatten. Dazu setzt man dann am liebsten seine besten Leute ein. Keiner wusste, was passieren würde und wie es laufen wird. Was machst du denn in solchen Fällen?«

Mark denkt kurz nach. »Tja, gute Frage. Vor einiger Zeit hatte ich einen ähnlichen Fall: Es ging um eine völlig neue Technologie, die wirklich einen enormen Durchbruch bedeuten könnte. Um herauszufinden, ob sie wie geplant funktionieren und tatsächlich die hohen Erwartungen erfüllen würde, habe ich damals ein Projekt gestartet und dafür zwei meiner besten Leute freigestellt. So konnte ich zumindest sicher sein, dass es, wenn es nicht klappen würde, an der Technologie liegt und nicht an den Menschen oder der Art, wie wir es probiert hatten.«

»Genau«, antwortet Opa. »Unser Inselrat muss sich ungefähr dasselbe gedacht haben. Wenn man schon etwas völlig Neues ausprobiert, dann sollte man es mit Bedacht und kontrolliert tun. Deshalb haben sie wahrscheinlich mich gefragt. Ich war erfolgreich mit den Schafen und fürchtete mich auch nicht, etwas Neues zu probieren. Es lief dann ja auch alles ziemlich gut, bis dieser Knallkopp von Wilhelm auftauchte.«

Das ist nun schon das zweite Mal, dass Opa diesen Wilhelm erwähnt. Mark will Genaueres wissen und fragt: »Wilhelm? Wer ist denn dieser Wilhelm, Opa?«

In diesem Moment kommt Tante Ruth ins Zimmer. Sie schnappt Marks Frage gerade noch auf und reagiert sofort. »Geht es hier etwa gerade um

Wilhelm? Papa, ich will nicht, dass du mit Mark über Wilhelm sprichst. Du weißt genau, wie es dir damit geht. Und du weißt auch, was der Doktor gesagt hat!«, sagt sie in entschiedenem Ton.

»Ja, ja, Ruthchen«, antwortet Opa. »Ich darf mich nicht zu sehr aufregen.« Gleichzeitig verdreht er die Augen in Richtung Decke. »Ärzte ... pfff. Früher gab's überhaupt keinen Arzt auf der Insel und doch wurden schon damals alle älter als achtzig. Es wird schon werden.«

»Papa, nimm das jetzt bitte ernst«, sagt Tante Ruth besorgt. »Du musst auf dich aufpassen. Hast du eigentlich deine Tabletten schon genommen?« Sie sucht unter den Zeitungen nach der Pillendose. Als Erstes kommt dabei eine Teekanne zum Vorschein. Sie legt ihre Hände darum und spürt, dass die schon lange nicht mehr warm ist. »Und warum steht hier noch kalter Tee rum? Den nehme ich sofort mit und kippe ihn weg!«

Jetzt wird Opa die Bevormundung doch zu viel. »Ruth! Hör auf!«, ruft er. »Das ist mein Haus und das sind meine Sachen. Die Teekanne räume ich nachher selbst weg. Da brauche ich dich nicht dazu. Geh jetzt! Und meine Tabletten habe ich schon längst genommen, also misch dich da mal nicht ein!«

Leicht verunsichert lenkt Tante Ruth ein. Sie will gehen, überlegt es sich jedoch anders. Eine Hand in die Seite gestützt, die andere mit erhobenem Zeigefinger in der Luft, wendet sie sich an Mark: »Mark, eine Sache noch. Ich will nicht, dass du mit deinem Opa über Wilhelm sprichst. Punkt! Das ist nicht gut für seinen Blutdruck. Du hast keine Ahnung, was du da aufwirbelst. Es tut auch nichts zur Sache. Das ist vergangen und vorbei. Und damit basta!«

Verärgert stiefelt sie aus dem Zimmer und lässt eine unbehagliche Stille zurück.

»Mach dir nichts draus«, durchbricht Opa die Stille. »Das passiert so ungefähr einmal die Woche. Ruth ist ein Schatz, aber sie behandelt jeden wie ein kleines Kind. Aber ja, sie hat auch irgendwie recht. Ich darf mich nicht zu sehr aufregen. Ich finde es herrlich, Geschichten von früher zu erzählen. Also lass uns dabei bleiben. Der Wilhelm tut da nichts zur Sache. Ich mag ihn nicht. Ich mochte ihn nie. Jetzt nicht und damals schon nicht. Und Ruth hat recht: Wenn ich über ihn rede, dann rege ich mich jedes Mal auf. Kaffee?«

So trinken sie ihren Morgenkaffee und sprechen über die Hektik auf der Insel, das Wetter, den Deich und natürlich die Todesanzeigen in der Zeitung. Sie verabreden, nach Opas Mittagsschlaf einen Spaziergang zum Rathaus zu machen. Dann steht Mark auf, winkt Opa zu und geht hinüber zu Tante Ruths Haus. Die erwartet ihn schon, beide Hände in die Hüften gestemmt, in der Küche.

»Mark, setz dich mal hin«, sagt sie.

Mark nimmt am Küchentisch Platz. Bereit für eine Standpauke.

Aber es wird halb so schlimm. Tante Ruth setzt sich ruhig zu Mark und sagt: »Entschuldige, dass ich mich eben so gehen ließ. Ich mache mir einfach nur Sorgen um deinen Opa. Dann mische ich mich ein und darüber wird er böse und am Ende regt er sich auf. Und das ist nun genau, was ich nicht will.

Weißt du, mein Vater ist schon alt und es hat seinen Grund, dass er die Tabletten nehmen soll. Der Doktor sagt, dass Opa es ruhig angehen muss. Ich will ihn ja nicht in Watte packen. Die Tour mit deinem Auto gestern, die war prima und gar kein Problem. Aber er darf sich nicht aufregen. Und wenn er über Wilhelm redet, dann wird er jedes Mal so furchtbar zornig.

Hörst du bitte auf, ihn nach Wilhelm zu fragen? Es ist schlecht für seine Gesundheit. Und dafür trägst auch du Verantwortung. Kannst du es also bitte lassen?«

»Klar, Tante«, antwortet Mark. »Glaub mir, auch ich will nur das Beste für Opa. Ich werde nicht mehr davon anfangen, wenn ihn das so sehr aufregt. Versprochen.«

Mark hebt wie zum Schwur zwei Finger und steht dann auf. Tante Ruth schaut ihn mit einem bekümmerten Blick an. Er sieht, wie viele Gedanken sie sich um ihren Vater macht, und nimmt sie in den Arm. »Mach dir mal keine Sorgen, Tante Ruth. Alles wird gut. Opa ist stärker, als du denkst, und für sein Alter ist er noch topfit.«

»Ja, ja, schon gut«, sagt sie. Dann schaut sie ihn streng an: »Wie du riechst, hast du heute noch gar nicht geduscht? Du riechst nach Schweiß, du Schmutzfink! Ab nach oben und unter die Dusche mit dir!«

Mark lacht. Sie hat Recht. Er hatte nach seiner Radtour sofort gefrühstückt und dann bei Opa Kaffee getrunken. Lachend läuft er die Treppe hinauf. Er hat das Gefühl, wieder zu Hause bei seiner Mutter zu wohnen.

Am Nachmittag gehen Mark und Opa zusammen zum Rathaus. Den kleinen Spaziergang von zehn Minuten schafft Opa locker. Beim Gehen stützt er sich auf seinen Hirtenstab. Niemand sonst hat so etwas und doch – zu Opa passt es. Mark kann sich seinen Opa nicht mit einem Rollator vorstellen. Und der Hirtenstab scheint im Moment doch eine gute Alternative zu sein.

Opa bestellt einen einfachen Tee und Mark einen aus frischer Pfefferminze. Ungefähr fünf Minuten später stellt die Kellnerin mit den Worten »Vorsicht, sehr heiß!« zwei dampfende Gläser vor ihnen ab.

Opa schaut skeptisch auf Marks Glas. »Nennst du das Tee, Junge? Die Stängel da? Was du da im Wasser hängen hast, habe ich früher an meine Schafe verfüttert!«

Mark lacht. »Ja, Opa, die modernen Zeiten, was? Und ich kann noch eins draufsetzen. Dein Tee wird vom anderen Ende der Welt eingeflogen. Meinen pflücken sie im Garten hinterm Haus. Und doch ist meiner doppelt so teuer wie deiner.«

Opa schüttelt den Kopf. »Nicht zu fassen. Geht es noch verrückter? Ich hoffe, dass dir deine Tasse voll Gras schmeckt«, sagt er lachend. »Ansonsten solltest du nach dem Abendessen noch ein Weilchen bleiben. Dann gibt's eine Tasse Eistee von mir. Glaub mir, das lohnt sich!« Er zwinkert Mark zu.

»Alles klar, Opa«, sagt Mark. »Weißt du, ich muss doch noch mal mit dir über deine Bienen reden. Ich habe nämlich über dieses Selbstorganisieren nachgedacht. Dass das bei Bienen und beim Honigsammeln funktioniert, das begreife ich. Aber es will mir nicht in den Kopf, dass man auch Menschen einfach ohne jegliche Führung machen lassen soll. Die Franzosen nennen das ›Laissez-faire‹, aber ich will doch nicht ›französisch‹ führen!«

»Kann ich verstehen, Junge«, antwortet Opa. »Nichts tun ist auch nicht gut. Das sehe ich genauso. Vielleicht hilft dir das folgende Beispiel.«

»Man muss Bienen einen gewissen Spielraum im Kasten geben. Nicht zu wenig, aber auch nicht zu viel. Dann muss man darauf achten, dass sie innerhalb dieses Raums bleiben und arbeiten.«

»Pass auf«, fährt Opa fort, »was bei meinen Bienen sehr wichtig zu sein schien, war die Größe des Kastens. Das habe ich erst durch Ausprobieren herausgefunden. Man muss Bienen einen gewissen Spielraum im Kasten geben. Nicht zu wenig, aber auch nicht zu viel. Dann muss man darauf achten, dass sie innerhalb dieses Raums bleiben und arbeiten.

Einem neuen Volk, das sich gerade abgespalten hat, gibt man am Anfang einen etwas kleineren Kasten. Bienenvölker teilen sich meist mitten in der Saison. Da macht ein großer Kasten keinen Sinn. Also, die kriegen dann zu Beginn einen etwas kleineren Kasten und im Jahr darauf zieht man sie in einen größeren Kasten um. Man spielt also mit der Größe des Raums, den sie zur Verfügung haben. Hilft dir das irgendwie?«

Mark denkt einen Augenblick nach. »Raum«, das kommt ihm bekannt vor. »Vielleicht schon, Opa. Wir geben unseren Teams auch einen bestimmten Spielraum; vielleicht ist das vergleichbar. Wir nennen das ›Rahmenvereinbarungen‹. Regeln, die einen Rahmen festlegen, innerhalb dessen Teams ›ihr Ding‹ machen dürfen. Wenn ich jetzt so darüber nachdenke, erscheint es mir merkwürdig, dass alle Teams unter den gleichen Bedingungen arbeiten sollen. Ein neues Team braucht sicher erst einmal einen engeren Rahmen, während ein sehr erfahrenes und erfolgreiches Team mit viel mehr Spielraum umgehen kann – also mit einem weiter gefassten Rahmen. In unserer Organisation stolpern die erfahrenen Teams deshalb ständig über Dinge, die sie nicht entscheiden dürfen. Obwohl sie es bestens könnten. Und das frustriert sie. Das Schwierige ist nur, dass man nicht für jedes Team einen individuellen Rahmen festlegen kann.«

»Klar, das begreife ich«, antwortet Opa. »Auch ich hatte kein Durcheinander bei den Kästen, musst du wissen. Drei verschiedene Größen reichten völlig: Ein kleiner Kasten für ein neues Volk, ein etwas größerer für die normalen Völker – das waren die meisten – und ein paar extra große Kästen für besonders emsige Völker. Drei Varianten reichten aus. Später gab es dann auch noch Kästen, die man erweitern konnte. Wenn ein Volk richtig viel arbeitete, konnte man ihm auf diese Weise mehr Raum geben.«

»Hmm«, grübelt Mark. »Damit kann ich wirklich etwas anfangen. Aber wie funktioniert das mit dem Teilen? Wann verschiebt man die Grenzen? Wer behält das im Blick?«

»Das war mein Job«, sagt Opa. »Damit sind wir bei meinem Aufgabengebiet angekommen: Entscheiden, welches Volk welche Kastengröße braucht und dergleichen. Das ist die Domäne des Imkers. Und wenn du das ›Rahmen‹ nennst, dann war ich derjenige, der den Rahmen festlegte und überwachte. Niemand sonst. Und das war immer auch eine Frage der Intuition. Den richtigen Moment zu treffen, an dem ein Volk mehr Raum bekommen konnte, war nicht einfach. Auf der einen Seite musste es in seinem Kasten erst einmal gut arbeiten, ehe ich ihm mehr Raum gab. Doch wenn ich zu lange wartete, teilte sich ein Volk selbst, und dann brauchte ich einen zusätzlichen Kasten. Glücklicherweise war es in der Regel jedoch sogar besser, mehrere kleine Völker zu haben als ein paar große. So konnte ich Kästen auch an anderen Plätzen aufstellen. Ich konnte zum Beispiel ausprobieren, wie sich der Geschmack des Honigs veränderte, wenn ich einen Kasten in der Nähe eines besonderen Blütenfelds aufstellte.«

Das ist die Domäne des Imkers. Und wenn du das ›Rahmen‹ nennst, dann war ich derjenige, der den Rahmen festlegte und überwachte. Niemand sonst.

»Und das Teilen?«, fragt Markt. »Wie funktioniert das dann?«

»Nun«, erläutert Opa weiter, »ich weiß nicht, ob das auch bei deiner Arbeit relevant ist, aber wenn ein Volk zu groß wird, dann teilt es sich. Imker nennen das ›Schwärmen‹. Ist der Kasten für alle Bienen zu klein, geht ein Teil von ihnen fort und bildet außerhalb des Kastens einen Schwarm. Da hängt dann ein richtiger Klumpen Bienen an der Außenseite. Manche nennen das auch einen ›Bart‹. Diesen Schwarm, also den abgespalteten Klumpen Bienen, muss man einfangen, indem man ihm einen neuen Kasten gibt. Dann hat man zwei Völker. Auf diese Weise wächst die Bienenpopulation und die Anzahl der Völker. Jahr für Jahr.«

»Es überrascht mich immer wieder, wenn ich sehe, dass ein Team versucht, ein Problem zu lösen, das ein anderes schon seit Monaten gelöst hat. Aber sie reden eben nicht miteinander.«

»Hmm«, sagt Mark, »das läuft bei uns anders. Statt zu teilen, bauen wir parallel neue Teams auf. Diese neuen Teams agieren dann häufig völlig anders als die anderen und versuchen oft, das Rad komplett neu zu erfinden. Es überrascht mich immer wieder, wenn ich sehe, dass ein Team versucht, ein Problem zu lösen, das ein anderes schon seit Monaten gelöst hat. Aber sie reden eben nicht miteinander. Zum Glück habe ich den Überblick. Ich kann sie dann zusammenbringen oder ihnen einfach die Lösung verraten, was oft der schnellste Weg ist. Vielleicht ist Teilen ja eine Idee, die ich übernehmen kann. Teams wachsen lassen, bis sie groß genug sind, und sie dann teilen. Darüber muss ich noch einmal nachdenken.«

Vorsichtig nimmt Mark einen Schluck aus seinem Glas.

»Doch wie legt man nun einen solchen Rahmen am besten fest, Opa? Ich will ja nicht wie ein Diktator alles allein vorschreiben. Es ist doch viel besser, gemeinsam mit den Teams darüber nachzudenken. Ich kann mir allerdings nicht vorstellen, dass du dich mit deinen Bienen beraten hast.«

»Haha, nein, Mark«, antwortet Opa. »Nein, das kann man bei Bienen nicht machen.«

»Warte doch mal«, sagt Mark munter, »das ist wahrscheinlich wie mit Kindern. Auch bei der Erziehung von Kindern müssen Regeln aufgestellt werden. Ein immer wiederkehrendes Thema ist: Um welche Zeit geht's ins Bett? Auch ein Kind begreift, dass es nicht gut ist, jeden Abend viel zu spät ins Bett zu gehen. Denn dann schläft es in der Schule ein und fühlt sich nicht fit. Auf der anderen Seite ist es aber auch Unsinn, direkt nach dem Essen ins Bett zu gehen. Das ist zu früh. Und so kann man wunderbar eine Schlafenszeit mit Kindern verabreden. Zum Beispiel halb zehn. Und über diesen Zeitpunkt – halb zehn – kann man auch immer wieder diskutieren. Es gibt nur einen einzigen Moment, zu dem dieser Zeitpunkt absolut nicht zur Debatte steht – wenn es halb zehn und somit Schlafenszeit ist. In diesem Moment lasse ich wirklich nicht mit mir reden. Nie! Darüber gibt's zwischen Sandra und mir dann häufiger mal Streit.«

»Oh, warum denn?«, fragt Opa.

»Naja, sie ist, was das betrifft, viel zu flexibel. Wenn zum Beispiel eine Fernsehsendung eine Viertelstunde länger geht, erlaubt sie Mandy, die noch zu Ende anzusehen. Am nächsten Tag ist dann wieder irgendetwas, das nur noch zwanzig Minuten dauert. So geht es immer weiter. Und ehe man sich versieht, hat man jeden Abend zur Schlafenszeit die gleiche Quengelei. Jeden Tag gibt's aufs Neue einen guten Grund, erst später ins Bett zu gehen. Und mit jeder Ausnahme, die man macht, wird die Diskussion beim nächsten Mal heftiger. Für das Kind lohnt es sich dann, die Regeln immer wieder zur Diskussion zu stellen. Davon halte ich nichts. Deshalb ist Schlafenszeit bei mir Schlafenszeit, denn an Vereinbarungen soll man sich halten.«

»Ich weiß nicht recht, Mark«, reagiert Opa. »Prinzipiell stimme ich dir ja zu. Aber gibt es nicht auch immer wieder Ausnahmen? Stell dir vor, im Fernsehen kommt etwas ganz Besonderes, zum Beispiel bist du in einer Sendung – eine halbe Stunde nach Schlafenszeit. Dann darf sie doch aufbleiben, oder? Oder an Silvester oder im Urlaub – da darf sie doch auch später ins Bett gehen? Gibt es nicht immer wieder Ausnahmen von der Regel? Ich stimme dir zu, dass ein vereinbarter Rahmen verbindlich ist. Er sollte nicht in den Momenten infrage gestellt werden, in denen er einengt. Auf diese Weise sorgt er für Klarheit. Ein Rahmen ist als Hilfe gedacht, wenn man handeln muss. Aber es bleibt ein Rahmen, und so kann es auch Momente geben, in denen man von ihm abweichen muss. Später, in einem ruhigen Augenblick, wenn man gemeinsam den Überblick und die Zeit dazu hat, kann man den Rahmen aufs Neue besprechen und prüfen, ob es gut war, ihn in diesem einen Moment nicht einzuhalten. Um ehrlich zu sein – so etwa funktionierte das auch bei meinen Bienen. Allerdings ohne diese Mitbestimmung«, lacht Opa.

Sie trinken in aller Ruhe ihren Tee, denken nach und schauen vor sich hin. Dann klingelt Marks Handy. Jemand aus der Firma. Die Tests mit den Selbstscannern sind positiv verlaufen und der Projektleiter bittet um Erlaubnis, die Scanner in allen Supermärkten aufzustellen. Mark stellt noch einige Fragen und gibt dann den Auftrag, eine Reihe zusätzlicher Tests auszuführen.

Danach steckt er sein Handy ein und stellt Opa eine weitere Frage: »Das Experimentieren mit neuem Honig, wie funktionierte das?« Opa schreckt hoch; er war während Marks Telefonat kurz eingenickt.

»Wenn du etwas zum ersten Mal machst, musst du immer und immer wieder Dinge ausprobieren. Denn je schneller du scheiterst, desto schneller kannst du lernen. Ohne zu experimentieren, kannst du nicht lernen!«

»Ja, das war auf jeden Fall am Anfang sehr wichtig«, antwortet Opa. »Als ich noch kaum Erfahrung hatte, musste ich vieles ausprobieren. ›Experimentieren‹ nennst du das? Wenn du etwas zum ersten Mal machst, musst du immer und immer wieder Dinge ausprobieren. Denn je schneller du scheiterst, desto schneller kannst du lernen. Ohne zu experimentieren, kannst du nicht lernen!

Anfangs tat ich noch so, als ob Bienen eine Art Schafe wären. Kleine, schnelle, fliegende, Honig sammelnde Schafe. Aber das ist natürlich nicht so. Erst als ich endlich begriffen hatte, dass ich alles von Grund auf neu lernen musste, begann ich zu experimentieren.

Ich kann mich noch erinnern«, fährt er fort, »dass ich durch Ausprobieren recht schnell lernte, was funktionierte und was nicht. Vor allem auch welcher Honig besser schmeckt und wofür Kunden bereit waren, mehr zu bezahlen. Lavendelhonig war zum Beispiel ein großer Erfolg. Zu entscheiden, welche neuen Dinge ich ausprobiere, das war meine Aufgabe. Das ist die Domäne des Imkers. Ich entschied, wo die Kästen aufgestellt wurden. Ich legte die Größe der Kästen fest – also den Rahmen, wenn du so willst. Ich stellte die Kästen in bestimmten Abständen voneinander auf. Nicht zu dicht beieinander, aber auch nicht zu weit voneinander entfernt. Eine Menge Entscheidungen, die da zu treffen waren, und ich musste herausfinden, was funktionierte und was nicht. Man sagt nicht umsonst: ›Imker werden ist nicht schwer, Imker sein dagegen sehr‹.«

»Da hast du recht, Opa!«, antwortet Mark. »In meinen Umfeld ganz bestimmt. Wir arbeiten immer wieder mit neuen Technologien und neuen Dienstleistungen. Dabei wissen wir nie genau, was wir dafür brauchen und wie wir es liefern können. So müssen wir ständig dazulernen. Und doch erstellen wir immer wieder Pläne und führen die dann aus. Obwohl wir noch gar nicht über das nötige Wissen verfügen, um gut planen zu können. Wir machen nämlich das allermeiste zum ersten Mal. Experimentieren und insbesondere schnell lernen, das gibt es bei uns noch viel zu wenig. Worüber ich allerdings auch nachdenke, ist die Umgebung.«

»Was meinst du damit?«, fragt Opa.

»Deine Bienen, die sind draußen in freier Natur, zwischen wunderschönen Blumen. Da, wo ich so gerne mit dem Rad unterwegs bin. Eine solche Umgebung stimmt heiter. Sie inspiriert. Wenn ich mir dagegen unsere trostlosen Büros anschaue – in denen wird man nicht wirklich froh. Ich denke, auch daran sollten wir etwas ändern. Schafe muss man einzäunen, denn wenn man sie freilässt, laufen sie davon. Bienen nicht. Im Gegenteil: Die brauchen ihre Freiheit in einem inspirierenden Umfeld voller Blumen. Eine schöne Wiese voller blühender Blumen sorgt erst dafür, dass die Bienen ihre Arbeit machen. Je inspirierender die Arbeitsumgebung, umso eher wollen Menschen sich dort aufhalten. Auf so etwas achten wir viel zu wenig. Demnächst werden wir unsere Büros neu aufteilen. Ich denke, dass ich dann für Räume sorgen werde, die inspirieren und Energie geben.«

Sie trinken ihren Tee aus und laufen zurück. Opa verschwindet in seinem Haus und Mark geht zu Tante Ruth. Noch vor dem Abendessen erweitert Mark seine Präsentation. Innerhalb einer halben Stunde erarbeitet er Folgendes:

Lektion 3:
Einen Rahmen vorgeben und auf dessen Einhaltung achten

- **»Laissez-faire« ist kein Führungsstil**
  Geben Sie einen Rahmen vor, aber lassen Sie die Teams innerhalb dieser Grenzen selbst entscheiden. Mischen Sie sich nicht in die Entscheidungen innerhalb des vorgegebenen Rahmens ein.

- **Starten Sie mit engen Rahmenbedingungen und erweitern Sie diese, wenn sich Erfolge einstellen**
  Neue und unerfahrene Teams brauchen einen engeren Rahmen, eine begrenzte Anzahl von Teammitgliedern und regelmäßiges Feedback, sodass sie schnell lernen können. Erfahrene Teams, die gezeigt haben, dass sie erfolgreich arbeiten können, brauchen einen weiter gefassten Rahmen. Ihnen sollte ermöglicht werden zu wachsen, denn sie haben gelernt, sich zu organisieren und zusammenzuarbeiten.

- **Der Rahmen ist verbindlich, doch die Teams entscheiden selbst**
  Der Rahmen darf niemals in Situationen infrage gestellt werden, in denen er einengt. Dazu ist er nämlich da. Als Führungskraft achten Sie auf die Einhaltung des Rahmens. Wenn es die Situation erfordert, können Sie Ausnahmen machen, doch der Rahmen bleibt bestehen. Zu einem späteren Zeitpunkt können Sie dann evaluieren, ob der Rahmen in der aktuellen Form noch nützlich ist oder erweitert werden muss – doch niemals, wenn ein Problem aufgetaucht ist.

- **Experimentieren Sie viel und oft**
  Durch häufige Experimente lernen Sie schnell, was funktioniert und was nicht. Ohne zu experimentieren, können Sie nicht schnell lernen. Je mehr (kleine) Teams es gibt, desto einfacher ist es, zu experimentieren. Viele kleine Teams sind besser als wenige große.

Danach schaut Mark seine E-Mails durch und bearbeitet alle wichtigen Nachrichten. Alles in allem ist er damit eine Stunde beschäftigt. Es gibt doch noch Ärger mit den Selbstscannern. Sie kommen von einem anderen Lieferanten als die Kassen und offenbar sind die Probleme bei der Anbindung größer als erwartet. Gut, dass Mark heute Nachmittag noch ein paar zusätzliche Tests in Auftrag gegeben hat. Irgendwie hatte er so eine Vorahnung, dass es noch Schwierigkeiten geben könnte. Mark gibt seinen Teams noch einige Tipps, wo sie am ehesten nach einer Lösung suchen sollten. Als er sein Tablet weglegt, ruft Tante Ruth, dass das Essen fertig ist.

Er hilft ihr, die warmen Töpfe zu Opa hinüber zu tragen. Der erwartet sie schon am gedeckten Tisch.

6 Ordnung, Struktur und Chaos

Sie essen Schnitzel mit Kartoffeln und Möhrengemüse. Hähnchenschnitzel. Hausgemacht von Tante Ruth. Sie sind ziemlich genau so wie bei seiner Mutter, nur vielleicht nicht ganz so lecker. Seine Mutter würde das wahrscheinlich damit erklären, dass sie stets mit Liebe kocht. Mark überlegt schmunzelnd, dass es wahrscheinlich eher daran liegt, dass seine Mutter sie mit Pfeffer und Salz würzt. Trotzdem lässt Mark sich das Essen schmecken.

Als sie fertig sind, nimmt Tante Ruth den Abwasch mit. Mark bleibt noch auf einen Kaffee bei Opa, hat aber seiner Tante das Versprechen abgenommen, mit dem Abwaschen auf ihn zu warten. Sie ist noch vom alten Schlag und alles wird von Hand erledigt. »So 'ne Spülmaschine kommt mir nicht ins Haus«, sagt sie immer. »Die Dinger gehen sowieso nur kaputt. Außerdem habe ich Zeit.«

Als sich die Tür hinter Tante Ruth geschlossen hat, seufzt Opa: »So, puuh, jetzt gibt's erst mal einen richtigen Kaffee.« Er geht in die Küche und kommt mit zwei dampfenden Kaffeebechern und zwei leeren Tassen zurück.

Mark schaut ihn fragend an. Mit einem kleinen Leuchten in den Augen sagt Opa: »Hier ist dein Kaffee. Und du hast sicher auch nichts gegen ein kleines Gläschen frischen Eistee einzuwenden.« Er zaubert unter den Zeitungen die Teekanne hervor und schenkt vorsichtig etwas in die leeren Tassen, gerade so viel, dass der Boden bedeckt ist.

»Hier, koste mal«, sagt er, »Tee zum Kaffee!« Und mit einem Augenzwinkern nimmt er einen Schluck. Mark beginnt etwas zu ahnen und kostet neugierig. Kognak!

Jetzt versteht er auf einmal, warum Tante Ruth diese Teekanne nicht aufräumen durfte. Tante Ruth würde nie erlauben, dass Opa ab und zu mal ein Schnäpschen trinkt. Aber gegen kalten Tee hat sie natürlich keine Einwände. Das macht sich Opa zunutze. Mark muss über diese kleine Schummelei lachen.

»Aber Opa, das ist doch gar nicht gut für dich!«

»Ach Mark«, antwortet Opa, »in meinem Alter ist das schon in Ordnung, so ab und zu. Nicht zu oft, nicht wahr. In Maßen. Schon früher sagten wir: ›Wer gut schmiert, der gut fährt‹.«

Sie trinken zusammen in aller Ruhe ihren Kaffee und natürlich auch aus den anderen Tassen.

»Und wie sieht's mit deinen ›Imker-Lektionen‹ aus?«, fragt Opa interessiert.

Mark erzählt, dass er gerade für sich zusammenfasst, was er aus all dem lernen kann, und dazu eine Präsentation erstellt. Er verspricht, Opa beim nächsten Mal auf seinem iPad zu zeigen, was er inzwischen aufgeschrieben hat.

»Opa, sag mal«, fragt Mark, »musstest du dich an all das Chaos nicht erst gewöhnen? Schafe bleiben ja ordentlich beisammen, aber diese Bienen flogen doch kreuz und quer durch die Gegend.«

»Ja, tatsächlich«, antwortet Opa, »daran musste ich mich erst gewöhnen. Rund um den Bienenkasten schien auf den ersten Blick ein einziges Durcheinander zu herrschen. Die Bienen flogen nicht schön geradeaus. Sie kamen und gingen, wann sie wollten. Bei Schafen ging es ein Stück geordneter zu. Da hatte ich das Sagen. Die Bienen hingegen regelten alles selbst und das sah chaotisch aus.

Aber weißt du, was das Geheimnis ist, Mark?«

»Nun?«

»Nichts ist so, wie es scheint. Dieses Chaos, das ist nur scheinbar. Klar, die fliegen drauf los und man hat keine Ahnung, was sie nun gerade genau machen. Aber der Schein trügt. Hinter dem Chaos steckt mehr Struktur, als du dir je vorstellen kannst. Wenn du dich näher damit beschäftigst, dann siehst du plötzlich jede Menge Ordnung. Es ist gleichsam ein geordnetes Chaos!

Wenn du dich näher damit beschäftigst, dann siehst du plötzlich jede Menge Ordnung. Es ist gleichsam ein geordnetes Chaos!

Und nun schau dir das Innere eines Kastens an«, fährt Opa fort. »Hast du schon mal gesehen, wie ordentlich die Waben angeordnet sind? Perfekt geformte Sechsecke in einer Reihe und alle wasserdicht verschlossen mit Wachs. So eine Wabe, das ist Ordnung pur. Danach musst du zu allererst schauen. Nach der Struktur und der Ordnung der Ergebnisse. Darum geht es schließlich. Deshalb habe ich auch anfangs gesagt, dass sich bei den Bienen alles um den Honig dreht.«

»Ja«, antwortet Mark, »das war tatsächlich meine erste Lektion: Sammle regelmäßig die Ergebnisse ein.«

»Genau!«, sagt Opa. »Bei Schafen schaust du nach der Herde, bei Bienen nach dem Honig. Herdentrieb gibt's nur bei Schafen, das kann man von Bienen nicht erwarten. Herdentrieb bei Bienen bewirkt eher das Gegenteil.«

Er fährt fort: »In so einem Bienenvolk gibt es eine Menge Struktur. Mit Arbeiterinnen, Wächterinnen und Drohnen. Und darüber hinaus gibt es noch Förderung und Weiterentwicklung in diesen Rollen. Eine Arbeiterinnenbiene beginnt zum Beispiel zuerst mit der Säuberung, dann verarbeitet sie Nektar im Kasten und füttert und versorgt junge Larven. Erst später, wenn sie älter ist, verlässt sie den Kasten, um Nektar von den Blumen zu sammeln. Man sieht das alles nicht, aber es gibt diese Ordnung und Entwicklung tatsächlich!«

»Interessant, Opa. Im Grunde beginne ich langsam zu verstehen, dass wir im Unternehmen alles so organisieren, als wäre das Ganze eine große Schafherde. – Ein Bienenkorb ist ein viel komplexeres Gebilde. Das strukturierte Chaos, das damit einhergeht, müssen wir nicht wegmanagen, sondern – im Gegenteil – sich entfalten lassen«, denkt Mark laut nach. Sein Opa schaut ihn lächelnd an. Das erinnert Mark an etwas anderes. »Bienen wirken auch so chaotisch durch diese Tanzsprache und die Tänze, die sie aufführen. Zumindest habe ich das mal irgendwo gelesen. Stimmt das?«, fragt er.

»Oh, in der Tat, das stimmt«, sagt Opa. »Das hatte ich völlig vergessen. Ja, das ist gut zu erkennen, wenn man einen Rahmen aus dem Kasten holt. Aber man muss wissen, wonach man sucht. Anfangs hatte ich dafür keinen Blick, das kam erst später. Aber das ist ein guter Punkt, den du da ansprichst. Es gibt mehr Struktur, als man sieht. Und wenn Bienen ihren eigenen Tanz brauchen, dann lass sie machen. Lass sie selbst ihre eigenen internen Regeln und Tänze entwickeln.«

Und mit strenger Stimme fügt er hinzu: »Denn das Einzige, was zählt …«

»… das ist der Honig!«, vollendet Mark den Satz.

»Genau«, sagt Opa. »Gib deine Tasse her, auf einem Bein steht sich's schlecht. Auch für uns noch ein letztes bisschen Honig.« Er gießt noch einen kleinen Schluck in die Tassen. »Von zu viel Kaffee kann man nicht einschlafen, aber mit kaltem Tee schläft man bestens!«, sagt er mit einem breiten Grinsen.

Mark fällt ein, dass seine Teams auch ihre eigenen »Tänze« haben. So gibt es in jedem Team eine »Tagesplanung«. Manche Teams nennen das »Standup« und die technischen Teams sprechen von »Daily Scrum«. Doch es läuft mehr oder weniger auf dasselbe hinaus: ein tägliches Ritual, um sich über den Status auszutauschen und explizit um Hilfe bei der Lösung von Problemen zu bitten. Das ähnelt durchaus einem Bienentanz. Allerdings ist das den Bienen von Natur aus gegeben. Marks Teams hingegen mussten es erst lernen. Von sich aus fangen Menschen nämlich einfach mit der Arbeit an und am Ende ist sie erledigt. Kommunizieren oder um Hilfe fragen ist bei Menschen kein Automatismus. Bienen können das offensichtlich viel besser.

»Im Grunde ist so eine ›Tagesplanung‹ ein Bienentanz«, denkt er bei sich. »Wenn Teams so etwas brauchen, um ihre Arbeit zu tun, dann ist das okay. Letztlich geht es um das Ergebnis. Schau auf die Qualität der Ergebnisse. Daran siehst du, ob es gut läuft oder nicht. Nicht der Prozess, sondern das Ergebnis des Prozesses zählt: das Produkt. Die mit Honig gefüllten Waben zeigen, wie gut es läuft.«

Schau auf die Qualität der Ergebnisse. Daran siehst du, ob es gut läuft oder nicht. Nicht der Prozess, sondern das Ergebnis des Prozesses zählt: das Produkt. Die mit Honig gefüllten Waben zeigen, wie gut es läuft.

Opa fährt fort: »Aber halt dich da raus Mark, hörst du! Respektiere das Innere ihres Kastens. Das ist ihr Gebiet. Da drinnen sind sie der Chef und dürfen tun, was sie tun *müssen* und tun *wollen.*«

Opa prostet ihm zu und so stoßen sie mit den Teetassen an.

Wenn Tante Ruth das wüsste.

Es ist zehn Uhr, als Mark Tante Ruths Haus betritt. Sie hat den Abwasch längst erledigt. Er telefoniert noch einmal mit Sandra, doch das Gespräch ist eine einzige Wiederholung. Sie unterstützt Mandy in ihrer Entscheidung. Mark findet das zu schnell und zu unüberlegt. Der Ärger ist verschwunden, aber die derzeitige Pattsituation nervt. Und nicht nur ihn.

Als Tante Ruth ihm eine Tasse warmen Tee anbietet, denkt Mark sofort an den kalten Tee von Opa und muss dabei wieder über den alten Spitzbuben schmunzeln.

Er lehnt freundlich ab und lässt Tante Ruth etwas enttäuscht zurück. Er sagt, er muss noch etwas arbeiten. Und das ist nicht mal gelogen, denn er will mit seiner Präsentation vorankommen. Das Gespräch mit seinem Opa nach dem Essen hilft ihm, die nächste Lektion aufzuschreiben.

Lektion 4:
Würdigen Sie das scheinbare Chaos

- **Schauen Sie auf das Ergebnis, nicht auf den Prozess**
  Nichts ist so, wie es scheint. Schauen Sie nicht auf das mögliche Chaos im Prozess, sondern konzentrieren Sie sich auf das Ergebnis. Versuchen Sie, ergebnisorientiert zu führen und dann das Ergebnis in kurzen Zyklen einzusammeln. Wenn die Qualität der Ergebnisse gut ist, können Sie die Prozessdetails den Teams überlassen. Letzten Endes sind sie dafür selbst verantwortlich.

- **Rituale bieten Halt**
  Teams haben ihre ganz eigene Art und Weise, Ergebnisse zu erzielen. Diese individuellen Arbeitsweisen, Prinzipien, Tänze und Rituale gehören ihnen. Deshalb: Hände weg davon!

- **Halten Sie sich raus, aber bleiben Sie wachsam**
  Beherrschen Sie sich und greifen Sie nicht aufgrund des scheinbaren Chaos in den Prozess ein. Schauen Sie auf das Ergebnis sowie auf dessen Qualität und Struktur. Eingreifen ist erlaubt, allerdings nur, wenn die Ergebnisse schlecht sind und das Team von sich aus nichts unternimmt. Dann *müssen* Sie eingreifen. Wenn ein Team keine guten Ergebnisse liefert, dann sind Sie selbst am Zuge.

- **Helfen Sie beim schrittweisen Lernen**
  Stellen Sie zuerst Fragen und helfen Sie dann auf konstruktive Weise. Funktioniert das alles nicht, dann begrenzen Sie den Rahmen oder treffen Sie die Entscheidung, die Teamzusammenstellung zu verändern oder das Projekt zu beenden. Helfen Sie den Teams zu lernen, ihre Antworten selbst zu finden.

Es ist Viertel nach zwölf, als Mark in seinem alten, vertrauten Zimmer endlich das Licht ausmacht. Eigentlich wollte er noch seine E-Mails durchgehen und die Mailbox abhören. Doch er merkt, dass die Lektionen langsam bei ihm Wirkung zeigen und er zulassen kann, dass seine Teams es selbst herausfinden.

Nun müssen zu Hause nur noch Sandra und Mandy einsehen, dass sie im Unrecht sind.

»Morgen ist auch noch ein Tag«, denkt er bei sich. Der lange Tag hat ihn müde gemacht und auch der Kognak trägt seinen Teil bei. Binnen einer Minute ist Mark eingeschlafen.

7 Weniger ist mehr

Morgens um halb sechs wird Mark von der Helligkeit in seinem Zimmer geweckt. Das Fenster steht offen und eine frische Brise weht herein. Gestern Abend war es schon dunkel, als er zu Bett ging, und er war so müde, dass er vergaß, die Gardinen zu schließen.

Er hat gut geschlafen und kann von seinem Bett aus nach draußen schauen. Hellblauer Himmel. Und obwohl es noch kühl ist, verspricht es ein wundervoller Tag zu werden.

Mark steht auf und macht sich auf den Weg. Durch das Dorf zum Meer. Erst läuft er ein paar Kilometer den Deich entlang, biegt dann jedoch am Priel links ab und wandert durch den Wald zur anderen Seite der Insel. Den Strand mag er eben doch lieber als den Deich. Als er am Strand ankommt, ist es dort noch ziemlich ruhig.

Eines der Strandcafés ist schon offen. Auf der Terrasse sitzt ein Mann und liest Zeitung. Im Anzug, mit Krawatte und passendem Einstecktuch. Mark betritt die Terrasse und sucht nach einem geschützten Fleck in der Sonne. So früh am Morgen ist es herrlich, die warmen Sonnenstrahlen auf dem Gesicht zu spüren. Der Besitzer des Cafés ist eifrig beim Saubermachen. Nach einer Viertelstunde kommt er zu Mark herüber und erklärt ihm, dass noch geschlossen ist. Der Mann im Anzug, der da bei einer Tasse Kaffee Zeitung liest, sei sein Vater. Seit Kurzem in Rente und noch dabei, einen neuen Tagesrhythmus zu finden. Deshalb sitzt er nun jeden Morgen zeitig im Strandcafé seines Sohnes. Aber Mark bekommt schon mal einen Kaffee, und als das Café eine knappe Stunde später öffnet, bestellt er ein kleines Frühstück.

Was für ein großartiger Start in den Tag: in der frühen Sommersonne auf einer Terrasse am Strand frühstücken. Mark fühlt sich glücklich. Was kann ein Mensch noch mehr wollen?

Gegen zehn betritt er Opas Haus. Der ist gerade mit der Zeitung durch.

»He Enkel«, ruft er enthusiastisch. »Na, hast du gut geschlafen?«

»Wunderbar! Und du?«

»Spitze, Junge. Ich bin so voller Energie wie ein junges Lamm.« Und mit einem Augenzwinkern fügt er hinzu: »Aber das Schlafmittel, das bleibt unser kleines Geheimnis, oder?«

»Natürlich, Opa«, sagt Mark und zwinkert zurück. »Beim nächsten Mal werde ich dann Tante Ruth fragen, ob sie auch eine Tasse mag.«

»Das lass mal schön bleiben!«, antwortet Opa erschrocken. »Die würde sich nur Sorgen machen. Sie schläft jetzt schon so wenig und hat so einen leichten Schlaf. Nein, solche Scherze musst du wirklich nicht machen, Junge.

Wo hast du denn nun deinen Computer? Du wolltest mir doch zeigen, woran du gearbeitet hast?«

»Stimmt, Opa, entschuldige bitte, das hatte ich ja versprochen«, antwortet Mark. »Doch ich habe noch ein paar Fragen. Ich bin noch nicht fertig mit der Präsentation. Ich habe das Gefühl, dass noch etwas fehlt. Und ich will sie erst fertigstellen, ehe ich sie dir zeige.

Weißt du was, ehrlich gesagt ist es jammerschade, hier drin zu sitzen. Draußen ist tolles Wetter und auch nicht zu heiß. Deshalb schlage ich vor, dass wir raus gehen. Ich habe heute früh am Strand gefrühstückt und es war einfach herrlich dort. Also auf geht's, steh auf! Wir gehen zum Strand. Vielleicht können wir da auch Mittagessen.«

»Das hört sich ausgezeichnet an«, antwortet Opa. Und so fahren sie kurze Zeit später Richtung Strand. Auf den kanariengelben Schal hat Tante Ruth bestanden und der Hirtenstab ragt wie eine Antenne aus dem Cabrio.

Vom Parkplatz laufen sie durch die Dünen zum Strandcafé. Opa kommt auf seinen Stock gestützt gut alleine voran. Mark ist dennoch aufmerksam für den Fall, dass er ihn auffangen müsste, falls Opa stürzen sollte.

»Was willst du noch wissen?«, fragt Opa sobald sie an dem Tisch sitzen, an dem Mark heute Morgen gefrühstückt hat. »Worüber haben wir deiner Meinung nach noch nicht gesprochen?«

»Nun, Opa, als Imker hast du dir mehrere eigenständige Bienenvölker aufgezogen, deren Kästen du dann an verschiedenen Stellen aufgestellt hast. So weit so gut, aber du hättest doch auch alle Kästen rund um dein Haus aufstellen können. Am Ende machen doch die Bienen die Arbeit. Und du hättest so schneller und einfacher ernten können.«

»Ach, mein lieber Mark«, lacht Opa und schüttelt den Kopf. »Du hast es immer noch nicht kapiert, oder? Du verstehst immer noch nicht, um wen es wirklich geht. Es geht nicht um den Imker, sondern um die Bienen. Das Sprichwort sagt nicht umsonst: ›Das Lied der Bienen ist wichtiger als das Lied des Imkers‹! Na klar wäre es für mich einfacher gewesen, alle Kästen bei meinem Haus aufzustellen. Aber nicht für die Bienen. Und die machen die Arbeit, deshalb sind sie viel wichtiger. Sie müssten dann weiter fliegen, das kostet Zeit, und so bekommt man weniger Honig. Und außerdem: Je mehr Völker du hast, desto mehr Blumen brauchst du. Das bedeutet, dass alle Bienen immer weiter fliegen müssen. Das funktioniert so nicht. Fliegen ist verschwendete Energie. Als Imker hat man die Aufgabe, all diese Probleme herauszufinden und aus dem Weg zu räumen. Je weniger Zeit die Bienen vergeuden, desto mehr Honig hast du.

Meine Aufgabe als Imker war es, herauszufinden, wie meine Bienen noch mehr und besseren Honig erzeugen konnten. Das bedeutete, neue Felder und Wiesen für sie zu finden. Oder mit speziellem Honig zu experimentieren, indem ich einen Kasten zum Beispiel in der Nähe einer Obstplantage aufstellte. Wenn dann das Ergebnis hinter den Erwartungen zurückblieb oder der Honig nicht schmeckte, musste ich mich als Imker auf die Suche nach den Ursachen machen. Denn die Ursachen können die Bienen nicht selbst beseitigen – sonst hätten sie es längst getan.«

»Das Letzte verstehe ich nicht ganz, Opa«, reagiert Mark. »Was meinst du mit: ›wenn sie selbst die Ursache beseitigen könnten, dann hätten sie es längst getan‹?«

Es geht immer um Hindernisse, die die Bienen allein nicht aus dem Weg räumen können. Ein guter Imker sucht deshalb ständig nach dem, was seine Bienen behindert, zweifelt dabei aber nie an ihrem Einsatz.

»Also, Mark«, antwortet Opa, »du musst wirklich darauf vertrauen, dass Bienen von Natur aus sehr hart arbeiten wollen. Die wollen wirklich ihr Bestes geben. Sie tun alles, was ihnen möglich ist. Sie halten sogar ihren eigenen Kasten sauber. Deshalb – wenn der Honig, aus welchen Gründen auch immer, nicht den Erwartungen entspricht, dann musst du herausfinden, warum das so ist. Es liegt nie an den Bienen. Die geben nämlich stets ihr Bestes. Offenbar behindert sie etwas. Was das ist und welche Aktionen nun erforderlich sind, das herauszufinden ist deine Aufgabe! Manchmal stört sie etwas im Wald. Dann stellst du den Kasten an einer anderen Stelle auf. Ein andermal kann es ein Bauernhof sein oder der Kasten steht zu sehr in der Sonne oder in der Zugluft. Es ist jedes Mal etwas anderes. Es geht immer um Hindernisse, die die Bienen allein nicht aus dem Weg räumen können. Ein guter Imker sucht deshalb ständig nach dem, was seine Bienen behindert, zweifelt dabei aber nie an ihrem Einsatz. Und das nicht nur bei Problemen, sondern auch dann, wenn alles gut läuft!«

»Ja, das kenne ich«, antwortet Mark, »denn es gibt immer etwas zu verbessern!«

»Genau!«, sagt Opa.

Mark erinnert sich an das Lean-Programm vor einiger Zeit in seinem Unternehmen. Alle Manager und Geschäftsführer wurden geschult und mussten allerlei Techniken lernen, um Verschwendung aufzuspüren. *Waste reduction* hieß das Zauberwort. Es gibt immer *waste* und den muss man finden und beseitigen. Das Fliegen, wie bei Opas Bienen, war auch eine Art von Verschwendung bei Lean. Dort nannten sie es ›Transport‹. Im Prinzip waren diese Ideen von Lean gar nicht so dumm. Es war nur verdammt schwierig, den Fokus darauf zu behalten. Die ersten Projekte waren einfach und die offensichtlichen Verschwendungen leicht zu erkennen. Doch mit der Zeit wurde es komplizierter. Auch damals hieß das Mantra: ›Es gibt immer etwas zu verbessern!‹, aber da all das zusätzlich zum normalen Tagesgeschäft anfiel, geriet es nach einiger Zeit doch wieder in den Hintergrund. Mark findet es beeindruckend, dass sein eigener Großvater, der wirklich noch nie von Lean gehört haben kann, mit gesundem Menschenverstand zu vergleichbaren Einsichten gekommen ist.

Und Opa betont noch einmal: »Du musst darauf vertrauen, dass deine Teams ihre Arbeit tun wollen und immer ihr Bestes geben. Dieses Vertrauen liegt in *dir.* Erst wenn du dieses Vertrauen besitzt, kannst du dich auf die Suche nach den wirklichen Ursachen der Probleme machen. Wenn meine Bienen zum Beispiel krank waren – meistens aufgrund eines Parasiten im Kasten –, dann musste ich das Problem lösen. Doch damit war die wirkliche Ursache noch nicht gefunden. Woher kam dieser Parasit? Wenn ich das herausfand und die Quelle beseitigen konnte – erst dann hatte ich das Problem *wirklich* gelöst. Du musst immer nach dem Problem *hinter* dem Problem suchen. Und das musst du dann beseitigen, denn das schaffen die Bienen nicht selbst.«

Du musst darauf vertrauen, dass deine Teams ihre Arbeit tun wollen und immer ihr Bestes geben. Dieses Vertrauen liegt in *dir*. Erst wenn du dieses Vertrauen besitzt, kannst du dich auf die Suche nach den wirklichen Ursachen der Probleme machen.

»Es hat eine ganze Weile gedauert, ehe ich das begriffen hatte«, fährt Opa fort. »Als Imker hatte ich nicht mehr die Aufgabe, mich in die Arbeit der Bienen einzumischen, sondern dafür zu sorgen, dass sie ihre Arbeit nach besten Kräften ausführen konnten. Das ist viel schwieriger. Wie das Sprichwort sagt: ›Es gibt so viele schlechte Bienenvölker wie schlechte Imker‹. Es liegt nie an den Bienen. Es liegt immer am Imker! Ich musste plötzlich viel mehr lesen. Über Schimmel, Krankheiten, Parasiten und Honigqualität. Du weißt ja, wie sehr ich Lesen liebe. Also – eigentlich nicht wirklich. Ja, die Zeitung schon, aber kannst du dir vorstellen, dass ich ein Buch durcharbeite? Aber es musste sein. Man lernt auch, wenn man sich mit anderen Imkern austauscht. Das war hier auf der Insel allerdings etwas schwierig, denn ich war der einzige.«

»Ja, aber Opa, du hättest doch zu diesem anderen Imker gekonnt. Zu diesem Bruder im Ausland?«, fragt Mark.

»Ich ins Ausland? Bis du verrückt? Ich habe ja schon Heimweh, wenn ich auf der Fähre zum Festland bin. Nein, das habe ich gelassen. Das hätte mir wirklich nichts gebracht.«

»Und gab es denn niemand anders auf der Insel, der auch Bienen hielt?«, wollte Mark wissen.

Irgendwie war das die verkehrte Frage. Opa rutschte schon eine ganze Weile auf seinem Stuhl hin und her. Mark war aufgefallen, dass er sich dabei immer weiter gedreht hatte, sodass nun sein Rücken zur Terrasse zeigt. Als ob er sich verstecken will. Inzwischen sitzt er komplett quer auf seinem Stuhl. Opa fühlt sich mit der Frage offensichtlich unwohl.

»Tja, also, Mark«, antwortet er leise, »ich musste alles selber machen und herausfinden. Ja, später dann, als der Wilhelm hierher kam, da wurde alles anders.« Und sofort verändert sich sein Tonfall und er sagt mit lauter Stimme: »Aber darüber will ich jetzt nicht reden!«

Mark beschließt, es dabei zu belassen. Schließlich hat er das auch Tante Ruth versprochen.

Sie bestellen sich beide zum Mittagessen Spiegeleier auf dunklem Brot. Eigentlich muss Opa salzloses Brot essen, aber einmal geht das schon, sagt er. Mark bestellt für sich noch Schinken und Käse dazu, Opa lässt das mit Blick auf seine Diät weg. Irgendwie fühlt sich Opa sichtlich unwohl. Er wirkt nervös. So kennt ihn Mark überhaupt nicht.

Sie essen schweigend.

»Entschuldigen Sie, wenn ich störe«, klingt es mit leicht affektierter Stimme, als Mark gerade seinen letzten Happen in den Mund schiebt. »Ich hörte gerade Ihre Stimme und dachte, die klingt wie die von Herrn van den Burg. Sie sind es tatsächlich, stimmt's? Wie geht es Ihnen?«

Hinter Opa steht der Vater des Strandcafé-Besitzers. Er trägt inzwischen einen anderen maßgeschneiderten Anzug als heute morgen. Wieder mit Krawatte und passendem Einstecktuch. Sogar die Armbanduhr ist eine andere. Opa schaut nicht auf. Er ist noch schwer beschäftigt mit seinem letzten Bissen Brot und Ei.

Der Mann fährt fort: »Sie erinnern sich doch sicher noch? Ich bin es, Wim Rust!«

Der Mann streckt seine Hand zu Opa hin. Der stopft sich gerade den Mund voll, schaut aber doch vorsichtig mal auf.

Opa scheint nicht recht zu wissen, was er machen soll.

Dann verschluckt er sich an seinem letzten Happen. Er hustet und prustet, läuft dunkelrot an und hat schwer zu kämpfen. Mark steht auf und klopft seinem Großvater kräftig auf den Rücken. Die anderen Gäste schauen beunruhigt herüber.

Zum Glück erholt sich Opa schnell wieder etwas, sieht aber noch immer schlecht aus.

»Ich habe Sie doch hoffentlich nicht erschreckt, Herr van den Burg?«, fragt der unverhoffte Besucher. »Sehe ich denn so zum Fürchten aus?«, und streckt wieder die Hand zur Begrüßung aus.

»Hmm, nein, natürlich nicht«, brummelt Opa und ignoriert erneut die ausgestreckte Hand.

»Wie geht es Ihnen denn heute so?«, fragt der Mann. »Das ist ja alles jetzt so dreißig Jahre her, denk ich.«

»Ja, stimmt«, antwortet Opa schroff. Er ist verärgert. »Fünfunddreißig Jahre, um genau zu sein. Damals hattest du noch nicht so'n schicken Anzug und so'ne teure Uhr! Aber wahrscheinlich erinnerst du dich nicht mehr daran, oder? Das hast du bei all deinem Geld sicher völlig vergessen!«

Und noch ehe der Mann reagieren oder Mark ihn bitten kann, am Tisch Platz zu nehmen, sagt Opa: »Wir müssen los, Mark. Ich fühle mich nicht wohl, ich gehe schon mal vor.« Opa steht auf, greift seinen Stab und verlässt ohne ein weiteres Wort geradewegs die Terrasse. Mark und der Vater des Strandcafé-Besitzers bleiben einigermaßen verdutzt zurück.

So schnell hat Mark seinen Großvater noch nie laufen sehen.

Er zieht die Augenbrauen hoch und schaut fragend zu Wim. »Was hat er denn nur?«

»Ach, schon gut«, antwortet Wim. »Herr van den Burg und ich kennen uns noch von früher. Wir teilen *une petite histoire*, wie die Franzosen sagen. Ehrlich gesagt hatte ich erwartet, dass das bei ihm inzwischen ein wenig verblasst sein würde, aber offenbar wohl nicht.«

Er fährt fort: »Gehen Sie mal besser schnell hinter ihm her. Das mit dem Bezahlen regele ich. Dieses Mittagessen geht auf mich!«

Und noch bevor Mark dieses Angebot ablehnen oder sich dafür bedanken kann, ist er schon nach drinnen verschwunden.

Mark bleibt erstaunt am Tisch zurück. Er fragt sich, was sich hier wohl in den letzten paar Minuten abgespielt hat, steht auf und geht zum Ausgang.

Als er zum Strand kommt, sieht er den Hirtenstab seines Opas gerade noch schaukelnd am Dünenkamm verschwinden. Er blickt zum Strandcafé zurück und sieht den Besitzer und seinen Vater in der Tür stehen. Mark hebt fragend seine Hände in die Luft und Wim gibt ihm ein deutliches Zeichen, dass er seinem Opa folgen soll.

Also macht Mark sich auf den Weg. Auch wenn er nicht so recht versteht, was hier los ist.

Als sie im Auto vom Parkplatz fahren, fragt Mark: »Was war das denn? Worum ging es denn da eben? Gerade sitzen wir noch beim Mittagessen und im nächsten Augenblick rennst du wie ein Hase auf und davon!«

Opa ist schlecht gelaunt und sagt: »Kümmere dich da mal nicht weiter drum. Ich habe mich verschluckt und nicht wohl gefühlt. Es war einfach zu warm da, und jetzt will ich nach Hause. Es ist Zeit für meinen Mittagsschlaf!«

»Hör auf, Opa«, sagt Mark. »Das ist doch Unsinn. Den Mittagsschlaf lässt du sonst auch mal ausfallen. Sei ehrlich. Was war das mit Wim? Den kanntest du von früher, oder?«

»Pah ... Wim!«, antwortet sein Opa. »Muss immer modern tun, der Kerl. Das hört auch nicht auf. Früher war er Wilhelm und nun auf einmal Wim. Der Schleimer! Hat sich kein bisschen verändert!«

»War das der Wilhelm, über den ich, wenn es nach Tante Ruth geht, nicht reden darf?«, fragt Mark verwundert. »Er hat mir gesagt, dass er dich von früher kennt und dass es da offenbar noch irgendeine alte, leidvolle Geschichte gibt.«

»Sagte er das?«, sagt Opa entrüstet. »Alte, leidvolle Geschichte? Das ist doch nicht zu glauben!«

»Aber was ist denn passiert, dass du dich so aufregst und er sich scheinbar keiner Schuld bewusst ist?«

Opa reagiert verärgert: »Weil er ein hinterhältiger Heuchler ist. Darum! Und das war er früher auch schon.« Und dann, mit erhobener Stimme: »Aber ich habe schon mal gesagt, dass ich darüber nicht reden will! Und jetzt mache ich die Augen zu, denn ich bin müde!«

Opa schließt die Augen und sagt kein Wort mehr.

Mark belässt es dabei. Schließlich hat er Tante Ruth versprochen, mit Opa nicht über Wilhelm zu reden. Und wenn er sich Opa so anschaut, dann hat er wohl schon zu viel gefragt. Nicht dass er etwas dafür könnte, dass sie diesem Wilhelm zufällig begegnet sind. Nun gut.

So genießt Mark die Sonne und die Fahrt zurück nach Hause. Beim letzten Mal ist Opa eingeschlafen, jetzt hingegen hat Mark den Eindruck, dass er hellwach ist. Ja, er *tut* so, als ob er schläft, aber das ist etwas ganz anderes.

Als sie zu Hause ankommen, verschwindet Opa unter undeutlichem Gemurmel sofort in seinem Haus. Mark setzt sich bei Tante Ruth an den Küchentisch. Sie ist nicht zu Hause.

Er beschließt, seine Präsentation weiter auszuarbeiten. Denn abgesehen von dem Zwischenfall mit Wilhelm hatte er mit Opa auch über das Beseitigen von Hindernissen als eine wichtige Aufgabe gesprochen.

Lektion 5:
Beseitigen Sie Hindernisse

- **Vertrauen Sie immer auf die Fähigkeiten der Teams**
  Vertrauen Sie darauf, dass Teams alles in ihrer Macht Stehende tun werden, um das beste Ergebnis zu erzielen. Teams wollen hart arbeiten. Wenn die Ergebnisse hinter den Erwartungen zurückbleiben, liegt es deshalb nie am Team. Schenken Sie den Teams Vertrauen, statt ihnen die Schuld zu geben. Finden Sie heraus, was sie behindert.

- **Suchen Sie nach den Ursachen hinter den Problemen**
  Die Symptome von Problemen können Teams selbst bewältigen. Es ist Ihre Aufgabe, die tiefer liegenden Ursachen zu finden und zu beseitigen. Suchen Sie nach den Hindernissen, die Teams selbst nicht sehen oder selbst nicht beseitigen können. Dafür brauchen die Teams Ihre Hilfe.

- **Halten Sie die Entfernungen so gering wie möglich**
  Je geringer die Entfernungen, desto weniger Verschwendung. Setzen Sie die Teammitglieder dicht zueinander und sorgen Sie für direkten Kontakt zum Kunden. Ermöglichen Sie Teams einen direkten Blick auf den Geschäftswert, den sie liefern. Verkürzen Sie Feedbackschleifen und lassen Sie die Teams den Nutzen, den sie für den Kunden schaffen, selbst erleben.

- **Suchen Sie stets nach Verbesserungsmöglichkeiten**
  Auch wenn alles gut läuft, gibt es noch immer Hindernisse und Blockaden. Beseitigen Sie diese, und die Ergebnisse werden sich weiter verbessern. Die Teams werden dafür sorgen!

Als Tante Ruth zurückkommt, erzählt Mark ihr von der Begegnung zwischen Opa und Wilhelm. Sie seufzt: »Ach Mark, mach dir nichts draus. Es hat mich all die Jahre gewundert, dass sie sich nie begegnet sind. Ich habe vor ein paar Wochen in der Zeitung gelesen, dass Wilhelm sein Unternehmen verkauft hat. Opa hat nichts darüber gesagt und ich habe nicht gefragt, aber er liest die Zeitung von vorn bis hinten. Also hat er es ganz sicher auch gelesen. Die Tatsache, dass Wilhelm sich ein stattliches Vermögen aufgebaut hat, schmerzt deinen Opa. Ehrlich gesagt hatte ich nicht erwartet, dass er auf die Insel zurückkommt. Er nennt sich jetzt Wim, sagst du? Ja, das passt zu ihm. Naja, und da gibt es ja noch mehr Menschen, die ihren Vornamen verändern, nicht wahr?« Sie zwinkert Mark zu.

»Aber Tante«, antwortet Mark, »Was ist denn da zwischen ihm und Opa?«

»Tja, Junge, das ist eine lange Geschichte und eigentlich auch wieder völlig belanglos. Du weißt doch, wie das manchmal so geht zwischen Männern. Manchmal denkt jeder, dass er recht hat. Und das stimmt vielleicht sogar. Nur verstehen sie das selbst nicht: dass sie beide recht haben können.«

Sie fährt fort: »Ich muss vor dem Essen noch einkaufen gehen und habe noch eine Menge zu tun. Wenn ich mal ein bisschen mehr Zeit habe, erzähle ich dir die ganze Geschichte. Aber pass auf, ja! Nicht mit Opa darüber reden. Das regt ihn viel zu sehr auf. Noch dazu diese Begegnung heute, darüber ärgert er sich sicher gewaltig. Seine Gesundheit ist anfälliger, als du denkst, und er muss viel schlafen. Ich gehe nachher gleich noch mal beim Doktor vorbei und hole ein paar Schlaftabletten. Die wird er sicher brauchen.«

Dann steht sie auf, verschwindet nach draußen, steigt auf ihr Fahrrad und ist weg. Mark bleibt am Küchentisch zurück. Das ist heute nun schon das zweite Mal, dass alle einfach weglaufen und ihn verwirrt zurücklassen. Immer noch ist er sprachlos darüber, was da vor Kurzem auf der Terrasse passiert ist. Eigentlich begreift er nichts.

Wer ist nur dieser Wilhelm? Was ist das für eine Geschichte? Warum wird sie totgeschwiegen? Warum darf er nicht darüber sprechen?

Plötzlich wird ihm klar: Es gibt sehr wohl jemand, der mehr darüber weiß. Und der will bestimmt auch darüber reden.

Mark steht auf, zieht seine Fahrradsachen an und schnappt sich sein Mountainbike. Dann radelt er geradewegs dort hin.

8 Gestochen werden

Es ist beinahe Zeit für das Abendessen, als Mark sein Rad wieder in Tante Ruths Garten abstellt. Er war den ganzen Nachmittag weg und konnte in einem stundenlangen Gespräch all die Fragen stellen, die ihn bewegten.

An diesem Nachmittag ist ihm eine Menge klar geworden.

Während des Abendessens wird vor allem geschwiegen. Tante Ruth ist nicht allzu gesprächig, Opa schon gar nicht und Mark gehen noch zu viele Sachen durch den Kopf. Opa lädt Mark nach dem Essen nicht zu einer Tasse Kaffee ein, so begleitet er heute gleich seine Tante und hilft ihr beim Abwaschen. Tante Ruth erzählt von sich aus nichts und Mark weiß gerade auch nicht, wonach er noch fragen soll. Schweigend erledigen sie den Abwasch. Danach wandert Mark noch lange durch die klare Nacht. Der Mond scheint und sein Licht erhellt die Insel auf eine zauberhafte Weise.

Als er am Ende seiner Wanderung durch das Dorf läuft, setzt er sich für eine Weile auf die Bank gegenüber vom Rathaus. Das Mondlicht fällt auf den weißen Giebel. Mark denkt zurück an die Dinge, die sich hier abgespielt haben. Er versucht, sich hineinzuversetzen, sieht es fast wie in einem Film vor sich. Er denkt an die Entscheidungen, die hier gefällt wurden, und an all die politischen Spielchen. Und versteht es immer noch nicht. Jedenfalls nicht völlig.

Als er nach Hause kommt, ist bei Opa alles dunkel und auch Tante Ruth ist schon im Bett. Er überlegt, ob er aufgrund des Gesprächs von heute Nachmittag eine extra Lektion in seine Präsentation aufnehmen sollte. Doch er entscheidet sich dagegen. »Erst noch einmal vorsichtig bei Opa nachfühlen«, denkt er.

Mit diesem Gedanken im Hinterkopf geht er ins Bett. Vorher schickt er noch eine Nachricht an Sandra: *»Können wir morgen über Mandy sprechen? Ich habe darüber nachgedacht und einen Plan! :-* * * *«*

Dann schaltet er sein Handy lautlos und ist bald eingeschlafen.

Am nächsten Morgen ist Mark wie üblich schon früh wach. Da es am Abend zuvor spät wurde, schaut er zuerst einmal in seine E-Mails. Es ist halb so wild. Nur noch eine letzte Rückfrage, ob die Selbstscanner jetzt wirklich in die Läden dürfen. Sandra ruft er nicht an. Sie hat morgens immer viel zu wenig Zeit und was er besprechen will, dauert länger als ein paar Minuten.

Dann macht er einen Spaziergang ins Dorf und ist der erste Gast im Café am Rathaus. Er spürt, wie unruhig er ist. Er will mit seinem Opa reden und fragt sich, wie er das anfangen soll, denn er muss ihn wirklich schonen. Über Wilhelm kein Wort, das hat er Tante Ruth versprochen. Aber jetzt, nachdem er ausführlich mit Wilhelm gesprochen hat – verändert das etwas? Oder gerade nicht? Wie kann er über all das mit Opa reden, ohne dass der sich dabei aufregt?

Es ist fünf vor zehn, als Mark bei Opas Haus eintrifft. Der scheint noch nicht lange auf den Beinen zu sein. Er ist noch im Schlafanzug – das gab es noch nie – und sieht müde aus.

»Guten Morgen, Opa«, beginnt Mark.

»Nun, das ›Gute‹ kannst du ruhig weglassen!« Er seufzt: »Pff … bin ich erledigt. Mann, habe ich schlecht geschlafen. Habe mich rumgewälzt. Jedes Mal bin ich eingeschlafen und nach ein paar Minuten wieder hochgeschreckt. Ich bin völlig kaputt. Jetzt brauche ich erst mal Kaffee! Du auch?«

»Gern!«, antwortet Mark. Opa schenkt ein und wärmt seine kalten Hände vorsichtig am dampfenden Kaffeebecher.

»Opa, ich habe noch mal alle meine Aufzeichnungen durchgelesen und möchte mit dir gern mal über ›Ego‹ sprechen«, beginnt Mark.

»Ego?«, fragt Opa. »Wie meinst du das?«

»Also – als Schäfer hing vieles direkt von dir ab. Du hast oft genug gesagt, dass du einer der besten Schafhirten der Insel warst – wahrscheinlich sogar der beste. Dann wirst du von einem Tag auf den anderen zum Imker. Und musst eigentlich von vorne anfangen. Das muss doch etwas mit deinem Ego machen. Das geht doch fast nicht anders?«

»Ah, so meinst du das«, antwortet Opa und beginnt zu erzählen. »Ja, das macht schon so'n bisschen was mit dir. Bienen regeln Dinge nämlich selbst und du bekommst eine völlig andere Rolle. Und das hat durchaus Auswirkungen auf dein Ego. Zum Beispiel wirst du schon mal gestochen. Pech. Das gehört dazu. Das ist Teil des Berufs.

Und das hat durchaus Auswirkungen auf dein Ego. Zum Beispiel wirst du schon mal gestochen. Pech. Das gehört dazu. Das ist Teil des Berufs.

Wenn du gestochen wirst, dann ist das unangenehm für dich, aber noch viel ärgerlicher für die Biene. Die stirbt nämlich dabei. Deshalb musst du ihr helfen, nicht zu stechen. Und du kannst der Biene auch keinen Vorwurf machen, wenn du gestochen wirst. Bienen stechen nun mal, aber meist liegt der Fehler bei dir, weil du nicht aufgepasst hast. Du musst einfach akzeptieren, dass die Bienen dich stechen können und du sie nicht. Denn wie heißt es so schön: ›Wer Honig essen will, der ertrage das Stechen der Bienen!‹«

Er fährt fort: »Ja, Ego spielt vielleicht wirklich eine Rolle. Jeder kann sehen, dass du der beste Schäfer bist, die meisten Schafe hast, sie am besten hütest. All das gilt nicht für einen Imker. Das ist sozusagen ein Job im Hintergrund. Du bist immer damit beschäftigt, alles zu verbessern, aber am Ende des Tages erhältst nicht du die Anerkennung, sondern die Bienen, denn die produzieren den Honig!«

Das ist sozusagen ein Job im Hintergrund. Du bist immer damit beschäftigt, alles zu verbessern, aber am Ende des Tages erhältst nicht du die Anerkennung, sondern die Bienen, denn die produzieren den Honig!

Mark hört gut zu, was sein Großvater ihm erzählt. Das mit dem Gestochenwerden findet er interessant. Dabei muss er an sein eigenes Arbeitsumfeld denken; dort »stechen« einige Teammitglieder auch, wenn auch eher mit

Worten. Und einige davon halten sich keineswegs zurück. Das gilt vor allem für die Softwareingenieure. Die bringt man zwar nicht so schnell aus der Ruhe, aber wenn die erst mal verärgert sind, dann macht man besser, dass man wegkommt. Manchmal gehen solche Ausbrüche so weit und werden so persönlich, dass danach nichts mehr zu retten ist. Dann führt das bei einigen Menschen zu einer irreparabel gestörten Beziehung. Es gab Fälle, in denen sich das Unternehmen deshalb von Mitarbeitern trennen musste. Das war sehr schade, denn es waren wirklich gute Fachleute. Entspricht das dann der Biene, die eigentlich nicht stechen will, aber wenn es doch passiert, sterben muss? Mark ist sich nicht sicher, sieht aber durchaus Parallelen.

Dann fragt er noch einmal genauer nach: »Ja, und ansonsten? Unabhängig von den Bienen. Was empfandest du dabei, dass du nicht länger der beste Schäfer der Insel warst und nicht mehr mit deiner Herde auffielst? Das muss doch sehr schwer für dich gewesen sein?«

Opa denkt kurz nach, starrt vor sich hin und sagt dann: »Nun, ein bisschen vielleicht. Am Anfang bekam ich natürlich Komplimente für den Honig und ich hatte noch immer damit zu tun, alles auf die Reihe zu kriegen. Aber sie hatten nicht umsonst mich gefragt. Das schmeichelte mir. Es ging eigentlich erst schief, als Wilhelm kam. Oder Wim, wie sich dieser schlaue alte Fuchs heute nennt. Wilhelm hat es vollkommen vermasselt. Durch ihn ist alles in die Hose gegangen.«

»Aber was ist denn nun genau passiert?«, will Mark wissen.

Opa seufzt tief: »Mark, darüber will ich nicht sprechen, das hab ich doch schon mal gesagt. Wegen dieser Sache habe ich die ganze Nacht schlecht geschlafen. Also hör bitte auf zu drängen.« Er lässt die Schultern hängen.

»Also Opa, eigentlich weiß ich es ja schon«, sagt Mark. »Ich habe gestern den ganzen Nachmittag mit Wilhelm zusammengesessen und er hat mir viel erzählt über früher. Er kann durchaus verstehen, warum du böse auf ihn bist.«

»Das ist ja auch das Mindeste«, reagiert Opa gereizt. »Ihm hatte ich es zu verdanken, dass ich innerhalb kürzester Zeit arbeitslos wurde. Dabei hatte ich ihm das Handwerk erst beigebracht.«

Und mit verärgerter Stimme fügt er hinzu: »Ich bin enttäuscht von dir! Ich hätte nicht erwartet, dass du zu ihm hingehst. Mein eigener Enkel zusammen mit dem Verräter. Ich hoffe, dass es ein netter Nachmittag war!« Opa ist *wirklich* aufgebracht.

»Jetzt bleib mal ruhig«, reagiert Mark. »Ich kann gut verstehen, dass du wütend bist, aber versetz dich doch auch mal in meine Lage. Immer geht es um Wilhelm. Doch wenn ich dann eine Frage stelle, schweigen alle und es darf nicht darüber gesprochen werden. Da ist es doch nicht so abwegig, dass ich zu ihm gehe und ihn selbst frage? Du und Tante Ruth – ihr haltet ja beide den Mund. Und übrigens, du nennst ihn einen Verräter, aber jede Geschichte hat zwei Seiten. Vielleicht wäre es nicht schlecht, wenn du *ihm* mal zuhörst. Aber es ist ja wirklich die bequemste Lösung, dem anderen alle Schuld in die Schuhe zu schieben.« Die Sturheit seines Opas geht Mark langsam auf die Nerven.

Opa seufzt tief und setzt sich in seinen Sessel. Er reibt seine kalten Hände. Die Stille ist eisig.

Dann beginnt er zu erzählen: »Okay Mark, eins zu null für dich. Du kennst nun seine Sicht auf die Dinge. Dann lass mich jetzt auch meine Variante erzählen.«

Und dann erzählt Opa seine Geschichte. Sie stimmt in großen Teilen mit dem überein, was Wilhelm gestern Nachmittag erzählt hat.

Wilhelm war ein junger Kerl, bei dem es in der Schule nicht allzu gut geklappt hat. Auf Wunsch von Wilhelms Mutter hatte ihm Opa einen Ferienjob gegeben. Im Sommer gibt's mit den Bienen mehr zu tun als im Winter und so konnte Opa ein Paar zusätzliche Hände durchaus gut gebrauchen.

Wilhelm hatte keinerlei Erfahrung. Weder mit Bienen noch mit Schafen. Dadurch begriff er die Arbeit als Imker viel schneller und besser als Opa. Er wollte häufig wissen, warum Opa bestimmte Dinge so und nicht anders machte, aber der war eigentlich nicht offen für Kritik. »So mache ich das immer und das geht gut so, also machen wir das auch weiterhin so«, war die Antwort, die Wilhelm meistens zu hören bekam. Wilhelm war vielleicht nicht gut in der Schule, aber mit den Bienen schon. Und darüber hinaus schien er in geschäftlichen Dingen recht pfiffig zu sein.

Auf seine Bitte hin gab Opa ihm ein kleines Bienenvolk ab. Recht bald darauf entwickelten sich Wilhelms Geschäfte prächtig. In den folgenden Jahren baute er ein Imperium auf. Anfangs nur mit Honig, später dann mit weiteren Bio-Produkten und am Ende mit eigenen Bio-Läden, die über das ganze Land verteilt waren. Mark kennt die Läden gut. Sandra und er kaufen regelmäßig bei BioRust ein. Ihm war nur die Verbindung zu Wilhelms Nachnamen nicht sofort aufgefallen.

Bereits in den ersten Jahren nach seinem Ferienjob war Wilhelm auf der Insel schon sehr erfolgreich. Nach weniger als zwei Jahren produzierte Wilhelm mehr Honig als Opa. Ein paar Jahre später entließ der Inselrat Opa und arbeitete nur noch mit Wilhelm zusammen.

Opa wurde für die erwiesenen Dienste gedankt, doch er war nicht länger als Imker erwünscht. Er versuchte dann noch eine Zeit lang, eine Herde Schafe zu halten, aber auch das offenbar nicht erfolgreich. Durch seine Erfahrungen mit den Bienen war er ein schlechterer Schäfer geworden. Er gab den Schafen zu viel Raum und ließ vor allem seinem Hund eine Menge durchgehen. Und das bedeutete dann schnell: Ende der Karriere und Vorruhestand.

Opa stand mit leeren Händen da und Wilhelm wurde Millionär. Und das alles, weil Opa ihm aus Gutmütigkeit auf die Sprünge geholfen hatte. Das nimmt er Wilhelm noch immer gewaltig übel. Wilhelm hatte dann Opa eine Arbeit auf der Insel angeboten, als Imker in seinem Unternehmen. Doch das lehnte Opa in all seinem gekränkten Stolz schlichtweg ab.

Wilhelm hat Mark gestern schon gesagt, dass er das durchaus verstehen kann. Er hat Mark versichert, dass da von seiner Seite nichts Persönliches ist. Dass er auch keine Wahl hatte. Opa hatte die Imkerei gut im Griff, aber Wilhelm erwies sich im Honighandel als schneller und geschickter. Zudem war Wilhelm im Vorteil, weil er nie Schafe gehabt hatte, und so unvoreingenommen an die Arbeit mit den Bienen herangehen und viel schneller lernen konnte. Schließlich setzte der Inselrat Wilhelm unter Druck, den Job zu übernehmen. Alles war dann so gut gelaufen, dass er auch auf anderen Inseln und auf dem Festland Kästen aufstellen konnte. Sein Unternehmen hatte die Dynamik eines ICEs aufgenommen und wenn der erst einmal fährt und fährt, wird man selbst zu einem Teil des Systems. Dass es nun zufällig Wilhelm war, dem das passierte, spielte keine Rolle. Es wäre letztendlich ohnehin passiert.

»Das war's dann, Junge«, kommt Opa zum Ende. »Das ist meine Variante der Geschichte. Es grämt mich noch immer, dass es so gelaufen ist. Ich fühle mich vom Inselrat verraten und von Wilhelm betrogen. Ich wurde zur Lachnummer des Dorfs. Und ja, das machte was mit meinem Ego. Eine ganze Menge sogar! Schon früher in der Schule erzählten sie uns die Geschichte vom amerikanischen Traum: vom Tellerwäscher zum Millionär. So fühlte sich das bei mir auch an, nur eben in umgekehrter Reihenfolge!«

Mark weiß nicht, was er sagen soll. Er sieht, wie sehr die Geschichte seinen Opa noch immer beschäftigt, und das regt ihn zum Nachdenken über sich selbst an. Er hat eine bedeutende Rolle in seinem Unternehmen. Er ist der Feuerwehrkommandant, der immer wieder alles rettet. Er ist der Superheld, der alles kann, wenn niemand sonst mehr weiter weiß. Auf diesem Sockel steht er. Will er das verlieren? Kann er sein Ego wirklich hintanstellen? Denn eine Sache hat Mark auf jeden Fall begriffen, nachdem er die Geschichte von Opa und Wilhelm gehört hat: Wenn er sein Ego nicht überwindet, dann wird er es nicht schaffen. Denn es geht um die Menschen im Team, nicht um ihn.

Opa möchte sich nun ausruhen. Er ist noch müde nach der schlaflosen Nacht. Mark verabschiedet sich und geht zurück zu Tante Ruths Haus. Dort geht er auf sein Zimmer und greift zu seinem iPad.

Lektion 6:
Lassen Sie Ihr Ego los

- **Kein Ego**
  Selbstorganisierte Teams können keinen Manager mit Ego gebrauchen. Das Ergebnis ist wichtiger als Ihr Ego. Ziehen Sie sich Ihre Energie aus dem Kundenwert, der Kundenzufriedenheit und der Selbstständigkeit Ihrer Teams. Das Ergebnis ist das Einzige, was zählt. Messen Sie das Ergebnis. Daraus entsteht Ihr neues Ego.

- **Diese Kulturveränderung beginnt bei Ihnen**
  Sie sind noch immer wichtig. Sie stellen lediglich nicht mehr sich selbst, sondern andere ins Scheinwerferlicht: Ihre Teams. Sie werden an sich arbeiten müssen, um anders als vorher zu führen.

- **Nehmen Sie Kritik an**
  Heißen Sie Kritik willkommen, selbst wenn sie wehtut. Freuen Sie sich über Feedback, Verbesserungsvorschläge und Beschwerden. Alles, was das Ergebnis verbessert, ist wertvoll. Häufig entsteht Kritik, weil Sie selbst nicht aufmerksam waren, und das ist Ihre eigene Schuld.

- **Geben Sie alles Lob an Ihre Teams weiter**
  Wenn alles gut läuft, haben die Teams das erreicht, wenn etwas schiefläuft, liegt es an Ihnen. Loben Sie Ihre Teams für die Ergebnisse und ermutigen Sie sie, über sich selbst hinauszuwachsen.

Als Mark alles aufgeschrieben hat, leuchtet das Display seines Handys auf. Er hatte es lautlos gestellt, als er gestern Abend ins Bett gegangen war, und das offenbar bei all dem Nachdenken über Wilhelm und Opa völlig vergessen. Schon 15 verpasste Anrufe, sieht er auf dem Display. Er ruft sofort seine Assistentin Linda an.

Es gibt Probleme im Unternehmen. Die Kassen funktionieren nicht. In keiner einzigen Filiale! Mark versucht, sich telefonisch weiter durchzufragen, doch schnell wird ihm klar, dass die Krise zu groß ist. Auslöser sind die Selbstscanner und die damit verbundenen Anpassungen am Kasseninterface. Im Augenblick funktioniert gar nichts mehr und in keiner einzigen Filiale kann kassiert werden. Während er telefoniert, öffnet er auf dem iPad sein Postfach und sieht auf den ersten Blick vier E-Mails vom CEO.

Sie haben ein gewaltiges Problem. In keinem Supermarkt können die Kunden ihre Einkäufe bezahlen! Das ist die größte Krise aller Zeiten. Größer noch als damals, als nur bar bezahlt werden konnte.

Mark entschließt sich, sofort die nächste Fähre zu nehmen. Er sucht nach Tante Ruth, um ihr zu erklären, dass er aufs Festland muss, doch sie ist nicht da. So hinterlässt er ihr eine Nachricht, dass er umgehend zu seiner Arbeit zurück muss und sich noch einmal melden wird.

Er zieht den Anzug und das Hemd an, das er trug, als er auf die Insel kam. Das ist erst ein paar Tage her, fühlt sich aber an wie Wochen.

Sein Hemd riecht super frisch. Gewaschen von Tante Ruth. »Vielleicht ist sie ja noch bemutternder als meine eigene Mutter«, denkt er bei sich.

Es dauert gut zwei Tage, ehe alle Kassensysteme wieder funktionieren: etwas länger als einen Tag für den Großteil der Geschäfte und noch einen weiteren Tag für den Rest. Es handelt sich um die größte Krise, die Marks Unternehmen je erlebt hat. Der CEO mischt sich in alles ständig ein und steht jedem im Weg. Und ein ums andere Mal wiederholt er, wie viel diese Störung das Unternehmen jede Stunde kostet. Er fordert Statusreport um Statusreport. Mit dem Ergebnis, dass die Leute, die das Problem beseitigen müssen, einen großen Teil ihrer Zeit mit dem Erstellen von Reports oder dem Beantworten von Fragen verbringen, statt zu arbeiten.

Die Entscheidung von Mark war goldrichtig gewesen, direkt zurück in die Firma zu fahren. Als Erstes schirmt er alle Teams, die an der Lösung des Problems arbeiten, vollständig von den anderen ab. Danach verbringt er mehr als 48 Stunden in der Firma, ohne zu schlafen, und macht, was er sonst auch immer getan hat. Er erinnert sich immer wieder an seine Notizen und Lektionen über Selbstorganisation. »Das kommt später«, denkt er dann. Erst muss er durch diese Krise hindurch. Erst danach kann er an der Unternehmenskultur arbeiten.

Eins hat er während der paar Tage auf der Insel auf jeden Fall begriffen: Ein wirklicher Übergang zu Selbstorganisation erfordert eine komplette Veränderung der Unternehmenskultur. Eine Veränderung, die in den Menschen stattfinden muss. Während dieser Krise kann er sich nur auf die bestehende Kultur stützen. Wie die funktioniert, das weiß er. Veränderung kommt danach.

Am Abend danach fällt er zu Hause frisch geduscht und rasiert aufs Sofa. Das ist auch dringend nötig nach zwei Tagen ununterbrochen in der Firma. Er ist müde, aber zufrieden, dass alles wieder läuft.

Mandy sucht direkt die Konfrontation: »Papa, ich verlasse die Schule. Egal, was du sagst. Es macht mir so viel Spaß im Krankenhaus. Das ist wirklich das, was ich will. Und Mama findet es gut, also …« Sandra hört, was ihre Tochter sagt, geht zum Sofa hinüber und unterbricht sie: »Einen Moment, Mandy. Dein Vater hat gesagt, dass er einen Plan hat, und ich finde, dass wir uns den zumindest erst einmal anhören sollten.« Schmollend erklärt sich Mandy einverstanden.

Mark unterdrückt ein Gähnen. Er ist doch müder, als er dachte. Doch nach all den Diskussionen über die Berufsausbildung, während er auf der Insel war, ist jetzt der beste Zeitpunkt, um einmal ausführlich darüber zu sprechen. Er betont noch einmal, dass ein Abiturzeugnis viel wert ist und dass man darauf in der Zukunft immer wieder zurückgreifen kann. Mandy schaut desinteressiert zur Decke. Zugleich sagt er, dass er Mandy gut verstehen kann. Deshalb schlägt er vor: »Weißt du, was wir machen. Du nimmst einfach ein Sabbatjahr. Vorher bringst du dieses Schuljahr natürlich noch zu Ende. Es sind ja nur noch zwei Monate.«

Mandy schneidet eine Grimasse. Ach nee! Das hatte sie sich natürlich auch schon überlegt.

»Und in diesem Sabbatjahr machst du dann die Berufsausbildung in Kombination mit der Arbeit im Krankenhaus«, fährt Mark fort. »So sammelst du zusätzliche Berufserfahrung. Das kann nie schaden. Am Ende dieses Jahres sehen wir weiter. Du kannst dann immer noch ans Gymnasium zurück, denn ein Sabbatjahr ist keine vertane Zeit. Doch wenn es dir richtig gut gefallen hat und die Berufsausbildung gut läuft, kannst du dich auch entscheiden, damit weiterzumachen. Auf diese Weise kannst du dir für die endgültige Entscheidung noch etwas Zeit lassen. Was haltet ihr davon?«

Sandra schaut erst ein wenig zweifelnd. Bei ihrer Arbeit empfiehlt sie eigentlich immer, keine halben Sachen zu machen. Andererseits sieht sie aber auch, dass das hier ein gehöriges Entgegenkommen von Mark ist. Sie weiß, wie sehr er dagegen ist, und doch gibt er Mandy ein Jahr Zeit, um herauszufinden, was sie wirklich tun will. Sie sagt: »Ich bin damit einverstanden. Und du, Mandy?«

Mandy stimmt zu, jedoch nicht ohne noch hinzuzufügen: »Aber ich weiß jetzt schon, dass ich nach diesem Jahr weitermachen werde. Denn ich bin mir ganz sicher, dass das ganz und gar mein Ding ist!«

Als Mandy auf ihr Zimmer geht, fragt Sandra, warum Mark am Ende doch seine Meinung geändert hat. »Tja, ich habe ein paar wirklich gute Gespräche mit Opa geführt«, antwortet er. »Und eins der Themen war ›Ego‹. Ganz ehrlich, ich frage mich, ob es nicht mein Ego ist, das mich davon abhält, zuzustimmen. Das betrifft nicht nur das Thema Berufsausbildung, sondern auch meine Arbeit. Vielleicht will ich einfach nur, dass Mandy ihr Abitur macht und danach studieren geht – einen Titel erwirbt. Allerdings vielleicht mehr für mich selbst als für sie. Da bin ich mir noch nicht sicher – deshalb mein Vorschlag. Lass es sie mal ausprobieren und herausfinden, ob das mit der Berufsausbildung eine gute Idee ist, und dann komme ich vielleicht auch dahinter, ob es an meinem Ego liegt.«

Sandra lächelt, legt ihm die Arme um den Hals und gibt ihm einen Kuss. »Der Urlaub hat offensichtlich mehr gebracht als nur Erholung«, sagt sie. »Hat Opa dich gecoacht?« Mark antwortet lächelnd: »So ein bisschen schon«, und fügt sofort hinzu: »Ich ihn aber auch, das sag ich dir!«

Noch bevor Sandra fragen kann, warum Mark nicht einfach zugibt, dass er Unrecht hatte, und ob das vielleicht auch ein kleines Ego-Problem ist, klingelt das Telefon. Sie geht hin und nimmt ab. Nach ein paar kurzen Antworten – »ja«, »okay« – gibt sie den Apparat an Mark weiter, der mit geschlossenen Augen, schon halb eingeschlafen, auf dem Sofa sitzt. »Hier, es ist deine Mutter. Sie hat schlechte Nachrichten.«

Marks Mutter erzählt, dass es Opa nicht gut geht. Er hat Fieber. Inzwischen ist der Arzt da gewesen. Wahrscheinlich hat Opa eine Lungenentzündung. Eigentlich muss er ins Krankenhaus, doch das will er nicht. Er will die Insel nicht verlassen. Er wird mit Antibiotika und Sauerstoff behandelt, aber es sieht nicht gut aus.

9 Zurück auf die Insel

Einen knappen Monat später ist Mark wieder an Bord der Fähre. Nicht in Richtung Insel, sondern zurück aufs Festland. Sandra und Mandy sind dieses Mal auch dabei. Der Anlass ist weniger schön. Sie haben gerade Opa beerdigt. Opa war schon sehr alt und dann kann es plötzlich sehr schnell gehen. Alles in allem ist er knapp drei Wochen krank gewesen, wurde immer schwächer und ist am Ende nachts im Schlaf gestorben. Tante Ruth war bei ihm.

Mark hatte noch versucht, Opa in der letzten Woche zu besuchen, aber das hatte nicht geklappt. Er hatte einfach zu viel zu tun. Am Ende war Opa sehr schwach gewesen. Er kam nicht einmal mehr die Treppe hinauf. Sie hatten sein Bett deshalb ins Wohnzimmer stellen müssen. Tante Ruth hatte Mark ein Foto gezeigt. Opa sah darauf dünn und müde aus. Mark fiel auf, dass das Bett genau neben dem Tisch stand und Opa, wenn er sich ausstreckte, ohne Mühe seine spezielle Teekanne erreichen konnte. Davon hatte er Tante Ruth besser nichts erzählt.

Alles in allem war es eine schöne Beerdigung gewesen. Und 93 ist ja schließlich auch ein stolzes Alter. Trotzdem hatte Mark ein mulmiges Gefühl. Gerade jetzt, nachdem er mit Opa ein paar großartige Tage verlebt und ihn noch besser kennengelernt hatte, war es vorbei. Und es ist auch schade, dass er Opa seine Präsentation nicht mehr zeigen konnte. Wenn man wartet, bis alles ganz perfekt und fertig ist, kann es manchmal auch zu spät sein.

Wenn man wartet, bis alles ganz perfekt und fertig ist, kann es manchmal auch zu spät sein.

Mark war sehr bedrückt und fragte sich, ob sein Besuch vielleicht zu anstrengend für Opa gewesen war. Doch in diesem Punkt hatte ihm Tante Ruth vehement widersprochen: »Nein, Mark, die paar Tage mit dir waren für ihn die schönsten in den letzten Jahren. Er hat sie genossen. In den letzten Wochen hat er noch oft davon gesprochen. Nein, dass er krank geworden ist, hat nichts mit dir zu tun. Seine Zeit war einfach gekommen.«

Sie fuhr fort: »Jetzt versetz dich mal in meine Lage. Ich habe mir all die Jahre wegen seines Blutdrucks und seines Herzens Sorgen gemacht. Das war schließlich sein schwacher Punkt und deshalb versuchte ich, ihn zu schützen. Aber wie du siehst, man kann nicht alles unter Kontrolle haben. Am Ende ist ihm eine Lungenentzündung zum Verhängnis geworden. Wer hätte das gedacht?«

Als sie sich gerade auf den Weg zur Fähre machten, kam ihnen Tante Ruth hinterhergelaufen: »Warte Mark!« Sie hatte eine Plastikmappe in der Hand. »Opa hat mich gebeten, dir das zu geben. Hier!« Für einen Moment war es, als ob sie die Mappe nicht loslassen und lieber behalten wollte. Die Übergabe dauerte einen Augenblick zu lange. Mark schaute sie fragend an. Da ließ sie los.

»Und nun hopp, ab ins Auto«, rief sie dann, »sonst verpasst ihr noch die Fähre!«

Auf der Fähre geht Mark mit der Mappe nach draußen. Sandra sieht ihn kurz mit einem besorgten Blick an, doch er nickt zum Zeichen, dass alles in Ordnung ist.

In der Mappe liegt ein großer weißer Umschlag. Mark macht ihn vorsichtig auf. Drinnen ist Opas abgegriffenes und verschlissenes Notizheft, sein Imkerheft. Im hinteren Teil schaut ein alter Teebeutel als Lesezeichen heraus.

Mark schlägt das Heft an dieser Stelle auf. Auf den letzten Seiten findet er eine Nachricht. Gekritzelt in einer ihm bekannten Handschrift. Es ist die seines Großvaters.

Lieber Mark,

es geht mir nicht gut, das hast du inzwischen sicher von deiner Mutter oder von Tante Ruth erfahren. Du und ich – wir waren mit unserem Gespräch noch nicht fertig. Nun, telefonieren geht nicht mehr, dazu fühle ich mich zu schwach. Deshalb bleibe ich mal bei Stift und Papier.

Dein Besuch war großartig! Ich fand es toll, mit dir über die Insel zu fahren und Plätze zu besuchen, an denen ich schon sehr lange nicht mehr gewesen war. Es hat mir gefallen, über früher zu erzählen und dich zu unterstützen bei den Veränderungen, die du planst. Doch im Nachhinein denke ich: Das Beste war, dass du mir geholfen hast, die Situation von damals anders zu sehen.

Jahrelang habe ich Groll gegen Wilhelm gehegt. Ich habe viel zu lange geglaubt, dass alle Probleme, die mir begegneten, seine Schuld wären. Eigentlich erkenne ich erst jetzt nach unseren Gesprächen, dass ich mich an die eigene Nase hätte fassen und Verantwortung hätte übernehmen müssen. Mit deiner Hilfe habe ich eins endlich begriffen: Je mehr dein Ego dir im Weg steht, desto kleiner ist die Wahrscheinlichkeit, dass du dich veränderst, und umso größer die Chance, dass die Welt sich ohne dich weiterdreht. Ich veränderte mich durchaus, lernte dazu, aber mein Ego hat mich dabei behindert. Es ging alles zu langsam. Tja, und am Ende behandelte ich meine Bienen dann doch immer noch wie eine Art Schafe. Es ist mir einfach nie gelungen, als Imker ebenso gut zu werden, wie ich als Schäfer gewesen bin. Ich war einmal der beste Schafhirte. Davon kam ich nicht los. Mir fehlte es am Willen und am Mut, diesen Schritt wirklich zu gehen. Deshalb glückte mir mit den Bienen nicht, was mit den Schafen sehr wohl gelang: mich zu 100% voll und ganz dafür einzusetzen!

Veränderung liegt nämlich in dir selbst. Wenn du dich nicht veränderst, dann verändert sich letztlich nichts.

Für einen Schäfer ist es offenbar besonders schwierig, ein guter Imker zu werden. Lernen beginnt mit »Entlernen«. Um Neues zu lernen, muss du erst bereit sein, Altes abzulegen. Und sobald es schwierig wird, kehrst du zu dem zurück, was dir früher genutzt hat. Loszulassen, was früher funktioniert hat, ist vielleicht schwieriger, als zu lernen, was jetzt funktioniert. Veränderung liegt nämlich in dir selbst. Wenn du dich nicht veränderst, dann verändert sich letztlich nichts. Kurzum: Der allerschlechteste Start, Imker zu werden, ist vielleicht wirklich, Schafhirte zu sein. Oder wie wir früher sagten: Einen alten Affen lehrt man keine neuen Tricks!

Mach mir das bitte nicht nach, Mark. Entscheide dich ganz und gar. Um Imker zu werden, musst du dich verändern. Nicht nur mit Worten, sondern auch mit Taten. Und die Veränderung liegt nicht in den Bienen oder den Schafen. Diese Veränderung liegt in dir! Wähle, was am besten zu dir passt – und dann setz dich dafür ein!

Mit liebem Gruß
Dein Großvater, Marcus van den Burg – Beruf: Bienenhirte.

Vorsichtig schlägt Mark das verschlissene Heft zu, drückt es fest an seine Brust und schließt seine feuchten Augen. Und neben der Träne auf seiner Wange erscheint ein zufriedenes, selbstbewusstes Lächeln auf seinem Gesicht. Mark weiß nun, was er zu tun hat.

Er hat seine Wahl getroffen.

Das Bienenhirten-Modell

In vielen Organisationen werden Mitarbeiter geführt, als ob sie eine Herde Schafe wären. Viele Dinge werden für sie bis ins Detail entschieden – was eigentlich abwegig ist, denn diese Menschen sind äußerst fähig und intelligent. Sie bauen schließlich die genialsten Systeme und erbringen die komplexesten Dienstleistungen. Der Führungsstil gegenüber solchen Teams gleicht jedoch durchweg mehr der Art eines Schäfers mit seinem Hund als der Herangehensweise eines Imkers. So entstand die Idee eines Schafhirten, der ein Bienenvolk führt. Der Titel für dieses Buch – *Der Bienenhirte* – war schnell gefunden.

Die Lektionen über Führung aus der Geschichte von Mark und seinem Großvater lassen sich im Bienenhirten-Modell zusammenfassen. Das Fundament dieses Modells ist Ihr persönlicher Veränderungsprozess als Führungskraft. Sie müssen sich voll und ganz dessen bewusst sein, dass jede Veränderung in Ihrem eigenen Handeln liegt. Letztlich liegt Veränderung nämlich in jedem selbst und nie in den anderen.

Das Modell baut auf diesem persönlichen Fundament weiter auf und führt bis zu einem Niveau, auf dem Sie kontinuierlich nach Verbesserungen und neuen Lernerfahrungen suchen.

Das Modell besteht aus sechs Schichten:

1. Jede Veränderung liegt in uns selbst

Suchen Sie die Veränderung zuerst in sich selbst. Wenn Sie sich nicht verändern, verändert sich am Ende nichts. Dazu kann es unter anderem hilfreich sein, zu schauen, wo es weh tut, gegen Intuition oder Gefühl zu handeln und alte Routinen zu »ent-lernen«. Suchen Sie nach den Dingen, auf die Sie heute stolz sind, und finden Sie heraus, in welchem Maße diese in ihrer derzeitigen Form Ihre Veränderung behindern können.

Achten Sie zum Beispiel auf »Ja, aber«-Argumentationen in Ihrem Denken und stellen Sie diese infrage. Es macht nichts, wenn Sie nicht alle Antworten schon kennen. Es ist gut, zu experimentieren oder etwas auszuprobieren. Und es ist kein Problem, wenn Sie nicht völlig im Bilde sind, was Ihre Mitarbeiter gerade genau tun, solange Sie wissen, wann es zu welchen Ergebnissen führen wird.

Denken Sie darüber nach, wo die Analogie von Schäfer und Imker, von Schafen und Bienen Ihnen helfen kann. Zum Beispiel, um andere Entscheidungen zu treffen, auf andere Art zu führen oder zu begleiten. Sie sind das Vorbild innerhalb der Veränderung. Deshalb ist Ihr persönlicher Veränderungsprozess das Fundament in diesem Modell. Veränderung besteht nicht nur aus Worten, sondern vor allem aus Taten. Darüber zu reden und zu wissen, dass sich etwas verändern muss, ist eine Sache – die wirkliche Veränderung erfordert jedoch Handeln.

Wenn Sie nicht bereit sind, Ihr Verhalten zu verändern, warum sollte dann jemand anders es tun? Und denken Sie daran, dass »Ent-lernen« zum Lernprozess dazugehört. Welches Verhalten müssen Sie »ent-lernen«?

2. Vertrauen geben durch Loslassen

Zweifeln Sie nie am Können eines Teams. Das bildet die Basis für Vertrauen. Geben Sie niemals einem Team oder einem Teammitglied die Schuld. Machen Sie sich auf die Suche nach den Ursachen hinter den Problemen und nach den Lernerfahrungen hinter Fehlern.

Mischen Sie sich nie, wirklich nie, in die operative Arbeit des Teams ein. Übergeben Sie die Verantwortung und nehmen Sie diese dann nie, also wirklich nie mehr, wieder zurück. Und aufgepasst, so etwas kann auf ganz subtile Weise geschehen: durch eine kleine Frage, eine Zustimmung zu einer Entscheidung oder eine Bitte um Rat.

Denken Sie an die Analogie von Schäfer und Imker und fragen Sie sich: Wie würde ein Imker handeln? Wenn sich etwas eher nach Schäfer und Hund anfühlt, dann ist es in der Regel nicht das, was Sie wirklich tun sollten.

Es ist wichtig, dass der Stand der Dinge jederzeit für jeden klar erkennbar ist. Vollständige Transparenz über die Ergebnisse und den Fortschritt bei der Zielerreichung ist ein wesentliches Kriterium. Wenn nicht klar erkennbar ist, wann Teams erfolgreich sind und wann nicht, wird es für sie schwer, erfolgreich zu sein. Schaffen Sie deshalb Transparenz über Ergebnisse und das Ziel und vertrauen Sie darauf, dass Ihre Teams erfolgreich sein werden.

Loslassen heißt allerdings nicht, dass Sie gar nicht mehr eingreifen dürfen: Sie tun es lediglich auf eine andere Weise. Sie nehmen Einfluss auf die Teamzusammenstellung. Sie greifen ein, wenn die Ergebnisse nicht gut sind. Sie schalten sich ein, wenn niemand Verantwortung übernimmt. Doch nicht vergessen: Dieses Eingreifen sollte immer zukunftsorientiert geschehen. Sie schaffen dadurch eine neue Umgebung, in der sich die Teams dann wieder selbst organisieren können. Sie verändern den Kontext, innerhalb dessen Ihre Teams arbeiten. So agieren Sie zukunftsorientiert. In der Vergangenheit nach dem Schuldigen zu suchen, führt nicht weiter. Und für gewöhnlich wird die Stimmung dadurch auch nicht besser.

3. In einem festen Rhythmus Ergebnisse liefern

Schaffen Sie für den Kunden Transparenz über die Ergebnisse und etablieren Sie einen festen Lieferrhythmus. Letztlich ist die zentrale Aufgabe, Wert für den Kunden zu liefern. Und Kunden wollen am liebsten nicht auf Ergebnisse warten müssen; sie wollen sie sofort. Installieren Sie deshalb einen festen Arbeits- und Lieferrhythmus. Orientieren Sie sich zum Beispiel an Scrum und seiner Sprint-Länge von etwa zwei Wochen. Je kürzer die Zyklen, desto wendiger werden Sie und umso häufiger werden Sie diese durchlaufen. So lernen Sie schneller und werden kontinuierlich besser in dem, was Sie tun.

Ein solcher Rhythmus macht Sie bereit für unerwartete Ereignisse, weil Sie neue Anforderungen unmittelbar im nächsten Zyklus in Angriff nehmen können. In sehr dynamischen und volatilen Umfeldern müssen Sie deshalb mit sehr kurzen Zyklen arbeiten. Und in jedem dieser Zyklen entsteht ein funktionierendes Ergebnis, das Wert für den Kunden liefert. Es geht schließlich immer um den Honig!

Schaffen Sie vollkommene Transparenz über diese Ergebnisse und den darin enthaltenen Geschäftswert, wie schwierig das am Anfang auch sein mag. Je häufiger Sie Ergebnisse liefern, desto schneller lernen Sie, diese zu verbessern. So entsteht mehr Motivation bei den Teams, denn sie können erkennen, dass ihre Arbeit wirklich sinnvoll ist. Ergebnisse zu liefern macht Freude. Deshalb – je häufiger man die Ergebnisse seiner Arbeit sieht, umso motivierender ist es.

4. Autonome und selbstorganisierte Teams

Je mehr Bienenvölker, umso mehr Honig. Und jedes Volk regelt die Arbeit selbst. Setzen Sie deshalb zum Wachsen und Skalieren auf selbstorganisierte Teams, die unabhängig voneinander arbeiten können. Nutzen Sie auch dafür wieder die Analogie zum Imker: Bienenvölker geben Arbeit nicht an andere Völker weiter, sondern erledigen alles selbst – von der Blüte bis zum Honig.

So braucht jedes Team seine ganz spezifische Form von Führung. Einerseits heißt das, ergebnisorientiert zu führen: Ihre Aufgabe ist es, die Richtung vorzugeben und die Ergebnisse (und den Wert für den Kunden) transparent zu machen. Andererseits heißt Führen, einen Rahmen vorzugeben und dessen Einhaltung auf Teamebene sicherzustellen. Jedes Team braucht seinen eigenen Rahmen, auch wenn er ähnlich zu denen anderer Teams sein kann. Legen Sie deshalb diesen Rahmen auf Teamebene fest, achten Sie gut auf dessen Einhaltung und lassen Sie auch das Team darüber wachen.

Nicht vergessen: Der Rahmen kann jederzeit zur Diskussion gestellt werden – außer in dem Moment, wenn er einengt. Jede Ausnahme von den Regeln führt zu potenziellen neuen Ausnahmen. Wie schwierig es manchmal auch sein mag: Erkennen Sie die Rahmenbedingungen an und folgen Sie ihnen. Zu einem späteren, ruhigen Zeitpunkt kann der Rahmen diskutiert, verschoben oder eine Ausnahmeregel hinzugefügt werden. Doch dann, wenn er einengt, sollte er nicht zur Disposition stehen. Wenn Sie das zulassen, dann gibt es de facto keinen Rahmen mehr.

Das funktioniert nur dann gut, wenn Sie mit kurzen Zyklen arbeiten. Bei langen Zyklen bleiben weder Raum noch Möglichkeit, später darüber zu reflektieren und Rahmen und Regeln anzupassen. Das führt dazu, dass Regeln stets außer Kraft gesetzt werden, sobald eine Krisensituation eintritt. Damit sind sie de facto eine Farce. Bei kurzen Zyklen hingegen werden die Regeln in unkritischen Momenten im Rahmen eines Experiments angepasst, um zu sehen, ob sich dadurch etwas verbessert. Anpassung also nicht aus Notwendigkeit, sondern als Suche nach Verbesserungspotenzialen.

Rahmenbedingungen sind harte Regeln. Ihre Anzahl muss deshalb sehr begrenzt sein, sonst behindern sie – und das kann nicht Sinn und Zweck sein.

5. Kontinuierlich an einer kollektiven Kultur bauen

Für Ego gibt es keinen Raum. Der Kunde und die gemeinsamen Interessen stehen immer im Mittelpunkt. Jeder arbeitet als Teil eines kollektiven Teams, und dieses Team arbeitet im Auftrag des Kunden. Eine wesentliche Aufgabe für Manager besteht folglich darin, eine Vision zu geben, Ziele zu setzen, Probleme zu beseitigen, vor allem aber, diese kollektive Unternehmenskultur herauszubilden.

Verbannen Sie egoistisches Verhalten. In einem Team ist kein Platz für Star- oder Diva-Allüren. Die Interessen der Gemeinschaft sind stets wichtiger als die des Teams, und die Bedürfnisse des Teams stehen immer über denen des Einzelnen. Weitreichende Transparenz unterstützt dabei außerordentlich –

zum Beispiel indem Arbeitsgeschwindigkeit (Velocity), Produktivität und gelieferter Wert konsequent offengelegt werden. Erheben Sie diese Daten kontinuierlich und hängen Sie die Übersichten sichtbar für alle z.B. an einer Wand auf. Damit zeigen Sie, dass es um die Leistung auf Teamebene geht, also darum, was man gemeinsam erreicht.

Eine kollektive Unternehmenskultur zeigt sich oft auch in den kleinen Details. Räumt jeder sein eigenes Durcheinander auf und vielleicht auch das eines anderen, wenn der es gerade einmal vergessen hat? Ist jeder bereit, »einfache« Arbeiten zu erledigen, wenn es erforderlich ist? Ist auch der Hausmeister beim Betriebsausflug dabei?

Als Führungskraft ist es deshalb wichtig, immerfort anderen die Bühne zu überlassen, statt selbst im Scheinwerferlicht stehen zu wollen. Feiern Sie Erfolge, loben Sie Teams, die über sich selbst hinausgewachsen sind, lassen Sie Teams sich gegenseitig evaluieren, usw. usf. Seien Sie sich in allem, was Sie tun, dessen bewusst, was es zu der gewünschten Unternehmenskultur beiträgt. Jede Ihrer Handlungen muss deshalb in diesem Sinne eine Bestätigung darstellen.

Belohnen Sie gewünschtes Teamverhalten, sonst entwickelt sich schnell eine »Wettlauf-um-Ihre-Gunst-Kultur«. Darüber hinaus ist Lob nur dann sinnvoll, wenn es sich auf das Resultat, die Ergebnisse bezieht. Das kann zu einem wahren Fallstrick werden! Ehe Sie es bemerken, loben Sie die Arbeits- oder Herangehensweise und mischen sich so doch wieder in die operative Arbeit ein. »Gut gemacht!« bezieht sich auf die Arbeit – aber genau darum sollten Sie sich ja nun nicht mehr kümmern! »Hervorragendes Ergebnis! Was können andere davon lernen?« ist deshalb deutlich besser. Stellen Sie bei guten Ergebnissen Ihre Teams ins Rampenlicht und lassen Sie andere davon lernen, wie sie ebensolche Ergebnisse erzielen können.

Sie stehen als Führungskraft also nicht mehr im Rampenlicht. Vergessen Sie darüber jedoch nicht, dass Ihr Verhalten dennoch genauestens beobachtet wird. Der Umgang mit Feedback und Kritik gehört dazu und bietet Lernerfahrungen für andere. Die Art und Weise, wie Sie als Führungskraft agieren, dient als Vorbild für das Verhalten in den Teams. An erster Stelle geht es um lernen und sich verbessern. Und dafür ist ganz entscheidend, dass man Fehler machen, experimentieren und Feedback und Kritik entgegennehmen kann. Indem Sie der Beste werden im Annehmen von Kritik und im Umsetzen von Feedback in Verbesserungsmaßnahmen geben Sie ein gutes Vorbild.

6. Nie den Status quo akzeptieren – es geht immer besser

Sich zu verbessern hört nie auf. Das müssen Sie ausstrahlen und durch Ihr eigenes Verhalten vorleben. Es gibt keine Stabilität – entweder die Situation verbessert oder verschlechtert sich. Status quo gehört der Vergangenheit an. Markt, Kunden und Umfeld sind unablässig in Bewegung. Wenn sich also nichts verbessert, wird es sich verschlechtern. Deshalb muss stetige Verbesserung im Fokus Ihrer Rolle als Führungskraft stehen: Beseitigen Sie Blockaden, Hindernisse und Verschwendung und etablieren Sie eine Unternehmenskultur, die Experimenten aufgeschlossen gegenübersteht.

Vor allem Letzteres ist für viele Menschen sehr schwierig. Seit der Grundschule bringen wir Kindern bei, dass sie keine Fehler machen dürfen. Das bläuen wir ihnen 20 Jahre lang ein. Dann landen sie in einem dynamischen Arbeitsumfeld, in dem Fehler machen zum Lernen dazugehört. Mancher kommt damit nicht klar, wird dadurch blockiert und dann funktioniert es nicht. »Ausprobieren wollen« ist eine Grundvoraussetzung für schnelles Lernen. Fehler machen muss möglich sein! So viele wie möglich und so schnell wie möglich. Machen Sie alle kleinen Fehler, die Sie machen können. Auf diese Weise lernen Sie, wie Sie große Fehler vermeiden. Aber auch ein sehr großer Fehler ist noch immer eine Lernerfahrung.

Vermitteln Sie Ihren Teams das Vertrauen, dass sie Fehler machen dürfen. Erinnern Sie sich – die größten Lernerfahrungen in Ihrem Leben hatten Sie doch auch, indem Sie Fehler machten. Warum sollten Sie Ihren Teams diesen Lernprozess nicht zugestehen? Und zum Lernen gehört auch »Ent Lernen«. Was heute funktioniert, passt nicht für immer. Was früher nicht ging, könnte heute vielleicht sehr wohl funktionieren. Experimentieren Sie deshalb kontinuierlich weiter.

Nur durch Lernen verbessert sich etwas. Als Führungskraft haben Sie diesbezüglich einen enormen Einfluss: Akzeptieren Sie nie einen Status quo. Es geht stets noch besser – und so müssen Sie kontinuierlich auf der Suche nach dem nächsten Level von (Beinahe-)Perfektion bleiben.

Muss man alle Aspekte des Modells umsetzen?

Ja und nein. Nichts muss man tun, sage ich immer, außer Zähneputzen und Steuern zahlen. Das Modell ist nicht universell, vollständig oder völlig in sich schlüssig, doch es kann Ihnen helfen, dahinterzukommen, was Sie tun müssen, oder herauszufinden, wo der Schuh drückt. Wenn jedoch ein Aspekt des Modells nicht ausreichend berücksichtigt wird, dann sind die Konsequenzen äußerst vorhersehbar.

- Wenn nicht nach kontinuierlicher Verbesserung gesucht wird, dann sind Stagnation, Demotivation und Werteverfall die Folge.
- Wenn nicht an einer kollektiven Unternehmenskultur gearbeitet wird, dann entsteht eine dysfunktionale Organisation, in der Kundenbedürfnisse zulasten von persönlichen Interessen gehen.
- Wenn Teams sich nicht selbst organisieren, dann ist ein Overhead an Koordination erforderlich oder die Teams gehen in Chaos und Überlastung unter.
- Werden Arbeits- und Lieferrhythmus und Transparenz der Ergebnisse nicht etabliert, dann kommt es zu Diskussionen, Ad-hoc-Ergebnissen, und die Teams verlieren die Orientierung, weil sie nicht erkennen können, ob Entwicklungen in die gewünschte Richtung führen.
- Wenn den Teams Vertrauen und Freiraum fehlen, dann entstehen dysfunktionale Teams, die Angst haben, Fehler zu machen, und nicht aus eigenem Antrieb über sich hinauswachsen wollen.
- Wenn Sie nicht selbst permanent auf der Suche nach persönlichen Verbesserungspotenzialen sind, sondern Veränderung vor allem in anderen suchen, dann wird sie ausbleiben. Wirkliche Veränderung kommt nämlich von innen. Aus Ihnen selbst. Es gibt nur einen, der das zuwege bringen kann – das sind Sie!

Eine andere Art von Führung

Führungsverhalten muss sich daran orientieren, wie selbstständig ein Team bereits ist. Neue Teams brauchen einen völlig anderen Führungsstil als sehr erfahrene.

Ist das dann nicht viel komplizierter? Ja sicher ist es das! Von einer Führungskraft in einem Unternehmen mit selbstorganisierten Teams werden viel mehr Führungskompetenzen erwartet als dort, wo die Teams mit *command and control* geführt werden. Selbstorganisierte Teams übernehmen die Verantwortung für ihr Handeln. Deshalb muss eine Führungskraft viel flexibler agieren können. Und sie sollte in der Lage sein, sich einer ganzen Palette von Führungskompetenzen zu bedienen.

Mehr noch – um ein selbstorganisiertes Team aufzubauen, ist sehr wohl eine kohärente Führungsvision erforderlich. Die Rahmenbedingungen für Ergebnisse müssen klar und zeit- oder rhythmusgebunden sein. Dazu, *wie* die Arbeit zu tun ist, braucht es hingegen kaum oder keine Vorgaben bei Selbstorganisation.

Als Manager führen Sie Teams in die Selbstorganisation, indem Sie stets auf Ergebnisse und Zyklen fokussieren. »Wir haben zwei Wochen Zeit und ich will am Ende ein funktionierendes Ergebnis, wie klein auch immer.« In Meetings: »Ihr habt zehn Minuten Zeit, um zu einer Entscheidung zu finden!« In Workshops: »Ihr habt achtzehn Minuten, um auf einem Flipchart das Gelernte zusammenzufassen!« Der Zeitdruck in Verbindung mit einem klar erwarteten Ergebnis sorgt dafür, dass Teams beginnen, sich selbst zu organisieren. Wenn Teams nicht wissen, was zu tun ist, dann geben Sie ihnen einige Anhaltspunkte und vermerken für sich selbst: »Team ist noch nicht völlig autonom, braucht noch Unterstützung bei der Weiterentwicklung.« *Das* bedeutet Führung!

Denn – anderen helfen, besser zu werden – wer will das nicht?

Nachtrag

Immer häufiger beobachte ich, dass Manager und andere Führungskräfte mit ihrer Rolle ringen, wenn sie mit selbstorganisierten agilen Teams arbeiten. Ich sehe ihre Zweifel, was sie tun dürfen und was nicht, vor allem aber, wann sie denn eingreifen müssen und wann besser nicht. Ich denke, dass die Analogie aus dieser Geschichte gut dabei helfen kann: Was müssen Sie tun, wenn Sie sich vom Schäfer zum Imker entwickeln wollen?

Sie dürfen Teams nicht wie eine Herde Schafe behandeln, sondern müssen sie ihren eigenen Weg gehen lassen – genau wie Bienen. Vertrauen Sie darauf, dass Ihre Teams das richtig gut machen, und stehen Sie ihnen nicht ständig im Weg. Ihre Aufgabe ist es, den Honig einzusammeln und ihnen dabei zu helfen, ihre Probleme zu lösen. Das motiviert die Teams nämlich.

Schnell Ergebnisse liefern, lernen, was funktioniert und was nicht, und zur gleichen Zeit Hindernisse aus dem Weg räumen. Wenn Teams schnell eine Vorstellung davon bekommen, was Kunden und Anwender schätzen und was nicht, dann verstehen sie viel besser, was sie tun müssen und was sie lieber lassen.

Die Analogie von Bienen und selbstorganisierten Teams habe ich mir im Übrigen nicht ganz allein ausgedacht. Mein Kollege an der Universität, Prof. Dr. Erik Meijer, wies mich eines Tages auf den Blogpost »How Software Companies Die« von Orson Scott Card hin, in dem er über »*beekeeping software engineers*« schreibt.[1] Darin steht, dass das Verhalten selbstorganisierter Softwareteams starke Übereinstimmung mit Bienenvölkern aufweist, während die Steuerung kaum so ausfällt, wie ein Imker das anpacken würde.

1. *http://www.cs.cmu.edu/~chuck/jokepg/joke_19970213_01.txt*

In der Geschichte vom Bienenhirten wird der Begriff »Selbstorganisation« benutzt, was faktisch mit »Selbststeuerung« gleichzusetzen ist. Ein Bienenvolk steuert sich jedoch nicht selbst; ein Imker steuert. Der Imker legt schließlich fest, wo der Bienenkasten steht. Danach organisieren die Bienen sich selbst. Die Vorstellung, dass Teams keine Steuerung brauchen, ist ein Mythos: Sie brauchen Ziele und Rahmenbedingungen. Sie als Führungskraft steuern also mit einem Ziel und dem dazu passenden Rahmen. Damit erschaffen Sie einen Kontext, ein Spielfeld und erst danach geben Sie Raum für Selbstorganisation – also erst nach dem Steuern.

Während der agilen Transformationen hin zu selbstorganisierten Teams, die wir als Prowareness GmbH bei unseren Kunden begleiten, ist die sich verändernde Rolle des Managements immer wieder ein Thema. Ich musste erst lernen, worin diese Veränderung besteht und wie das funktioniert. Bei meinem ersten Transformationsprojekt habe ich den Fehler gemacht, das Management zu ignorieren. Ich dachte: Es geht um die Teams. Aber das reicht nicht aus – letztlich tragen die Manager sehr wohl die Verantwortung. Deshalb sind sie ein wichtiger Bestandteil der Veränderung.

Gleichzeitig können wir Managern nicht vorschreiben, wie sie sich im Sinne der Veränderung zu verhalten haben. Wir können als Berater anderen nicht vorgeben, wie sie denken und handeln müssen und wie nicht. Das wirkt lediglich an der Oberfläche und (wenn überhaupt) nur zeitlich begrenzt. Auch für Manager gilt, dass die Veränderung aus ihnen selbst kommen muss.

Mir wurde immer deutlicher, auf welche Weise die Analogie vom Imker anwendbar ist und wie eine Führungskraft vom Hirten zum Imker werden kann. Diese Analogie überspitzt sicherlich die Wirklichkeit, doch für einen Manager in einer Organisation, die zu selbstorganisierten Teams übergeht, könnte sie möglicherweise ein Lösungsansatz sein. Ein zusätzliches Hilfsmittel, um das eigene Verhalten zu überprüfen, sich inspirieren zu lassen und sich neue Verhaltensweisen anzueignen.

Auf diese Weise ist die Geschichte vom Bienenhirten entstanden. Die Lektionen stammen aus der Praxis, die Geschichte hingegen ist vollkommen fiktiv. Und welche Insel ist gemeint? Ich weiß es nicht. Für mich existiert sie einzig in der Fantasie, genau wie der Rest der Protagonisten. Und das Unternehmen von Mark? Auch das gibt es nicht wirklich, auch wenn es einer großen Anzahl von Organisationen hier bei uns ähnelt.

Und Mark? Gibt es den wirklich? Ja, wahrscheinlich schon. Jeder kennt so einen Mark, auch wenn er manchmal Bernd, Günther, Martina, Jens oder Christian heißt.

Schauen Sie ansonsten ruhig auch einmal in den Spiegel. Schließlich liegt die Veränderung, der Mark sich unterziehen muss, auch in uns. In Ihnen und auch in mir. Letztendlich werden wir Tag für Tag aufs Neue nach dem Stück Mark in uns auf die Suche gehen und uns entscheiden müssen, ob wir Schäfer oder Imker sein wollen.

Nutzen Sie die Lektionen von Mark und seinem Großvater. Erweitern Sie diese durch Ihre eigenen Erfahrungen. Schließlich geht es um *Ihre* Führungslektionen, nicht um die von Mark. Marks Großvater hat uns ja schon beigebracht, dass die *wirkliche* Veränderung in uns selbst liegt. Wenn Sie und ich uns nicht verändern, dann verändert sich letzten Endes nichts!

Erfahren Sie diese Veränderung ganz bewusst und nehmen Sie sich Zeit dafür. Doch vergessen Sie bei all dem nicht, dass Sie nur durch Experimentieren lernen können! Die einzige Weise, um schneller zu lernen als ein anderer, besteht darin, häufiger mehr Fehler zu machen. Selbst in politisch heiklen Umgebungen, in denen große Fehler herausgestellt und bestraft werden, ist es keine schlechte Idee, viel und häufig zu experimentieren. Die beste Art, um wirklich große Fehler zu vermeiden, ist nämlich, aus vielen kleinen Fehlern zu lernen.

Ich wünsche Ihnen dabei ganz viel Erfolg und hoffe, dass Sie Ihre Erfahrungen teilen wollen!

Rini van Solingen
Zoetermeer, 2. Mai 2017

Danksagung

Ein Buch schreibt man nie allein. Ich möchte deshalb den folgenden Personen danken:

- Erik Meijer für die Inspiration, dass Software-Engineering-Teams mehr Übereinstimmung mit Bienenvölkern als mit Schafherden aufweisen.
- Jos de Blok, Verfasser des Geleitworts. Seine Organisation, Buurtzorg, ist weltweit ein leuchtendes Vorbild dafür, wie konkrete Ziele jederzeit besser und schneller durch selbstorganisierte Teams erreicht werden. Jos, danke für deinen Beitrag und die schönen Worte.
- Meinen Kollegen bei Prowareness, die beim Konkretisieren und Detaillieren der Rolle eines »Agilen Imkers« geholfen haben: Ron Eringa, Jeroen van Menen, Jan-Pieter van den Heuvel, Henk Jan Huizer, Rob van Lanen, Stephan van Rooden, Michiel Vrasdonk und allen anderen Prowareness-Kollegen, die mich mit ihren Geschichten, ihrem unerschöpflichen Wissen und ihren Erfahrungen unterstützt haben.
- Dank an die Reviewer früherer Versionen dieses Manuskripts für ihre Kritik, Anerkennung und Verbesserungsvorschläge: Mark van der Zwan, Svenja de Vos, Teun van der Vorm, Eelco Rustenburg, John Numan, Amir Arooni, Ronald Dähne, Theo Geelen, Marc Gill'ard, Peter Groen, Johan van Hall, John Heideman, Frans van der Horst, Henk Jan Huizer, Martin van Langen, Peter Noordzij, Dick Stegeman, Alfred de Vries, Pieter Weterings und allen anderen, die ich versehentlich nicht namentlich erwähnt habe. Darüber hinaus danke ich besonders denen, deren Zitate ich mit Namen und Vornamen in das Buch aufnehmen durfte. Henk Ester danke ich für die Einsicht, dass ein Team doch Diven und Superhelden braucht, um es für die Veränderung zu begeistern.

- Ein besonderer Dank geht an Stèfan Stettler, der nicht allein als Projektmanager, sondern vor allem durch sein Hobby als Vorstandsmitglied der Imkervereinigung Mergelland eine große Hilfe war, indem er mein begrenztes Wissen über Bienen aufgebessert und das Manuskript auf diesbezügliche Unkorrektheiten durchgesehen hat.
- Ganz besonderen Dank schulde ich all den Geschäftsführern und Managern, die mich inspiriert und mir in der Praxis gezeigt haben, wie man effektiv selbstorganisierte Teams führt: Amir Arooni und Nilguin van Raad (ING), Arie van Deursen (TU Delft), Ate Lindeboom (CRV), Dick Stegeman (CMG und IHomer), Emiel Romijn, Ronald Dähne und Aad 't Hart (Exact), Phil Brown (Causeway), Pieter Zwart (CoolBlue), Svenja de Vos und Frank Klomp (Tele2), Teun van der Vorm (ANWB), Tino Scholman (Raet), Vikram Kapoor (Prowareness) und viele andere.
- Darüber hinaus auch Dank an all diejenigen, die ihr Ringen mit mir geteilt und mir in der Praxis gezeigt haben, was genau *nicht* funktioniert. Diese letzten Lektionen gehörten vielleicht zu den wertvollsten, da sie mich motiviert haben, dieses Buch auch wirklich zu schreiben.
- John Numan gebührt Dank für sein fortwährendes Vertrauen, sein herrlich kritisches Feedback und den Mut, dieses Buch herauszugeben. Zugleich Dank an das gesamte Verlagsteam von Business Contact.
- Für die Veröffentlichung der deutschsprachigen Ausgabe danke ich dem dpunkt.verlag und insbesondere Rolf Dräther für die gelungene Übersetzung dieses Buches.
- Am Ende ein Dank an die Heimatfront – das felsenfeste Fundament unter meinem Leben. Danke für alle Anregungen und jegliche Unterstützung. Ohne dich und ohne euch kann ich nicht der sein, der ich bin, und nicht tun, was ich tue.

Über den Autor

Rini van Solingen ist Teilzeit-Professor für »Global Software Engineering« an der Delft University of Technology. Als CTO bei Prowareness (*www.scrum.nl*) unterstützt er, gemeinsam mit seinen Kollegen in den Niederlanden, Deutschland, Indien und den Vereinigten Staaten, Organisationen dabei, schnell und flexibel funktionierende und wertvolle Softwareprodukte zu liefern. Sein Spezialgebiet sind große agile Transformationsprojekte und die Einführung agiler Arbeitsweisen mit Dutzenden bis Hunderten agiler Teams. Zu diesem Thema berät und schult er auch (Management-)Teams und Vorstände.

Neben seiner Arbeit bei Prowareness und an der TU Delft engagiert sich Rini van Solingen ehrenamtlich bei Logeerplezier, einer Stiftung, die er gemeinsam mit seiner Frau gegründet hat. Logeerplezier bietet Ferienhäuser und Wochenendausflüge für Kinder mit Handicap und ihre Familien an (mehr Informationen unter *www.logeerplezier.nl*). Logeerplezier ist immer auf der Suche nach Spendern und Sponsoren.

2010 erschien Rini van Solingens Bestseller »De Kracht van Scrum« (mit Eelco Rustenburg)[1], in dem er in Romanform Scrum erklärt. 2011 schrieb er »Scrum voor managers« (mit Rob van Lanen), um Manager beim Führen in agilen Organisationen zu unterstützen. Beide Bücher sind inzwischen auch in Deutsch und Englisch erschienen.

1. »Die Kraft von Scrum« (mit Eelco Rustenburg und Henning Wolf) ist 2014 im dpunkt.verlag erschienen.

Rini van Solingen ist über *rini@scrum.nl*, *d.m.vansolingen@tudelft.nl* oder *rini@rinivansolingen.nl* zu erreichen. Für Fragen und Diskussionen können Sie sich gern an ihn wenden. Er freut sich, wenn Sie ihn kontaktieren, und reagiert gewöhnlich schneller als erwartet.

Wenn Sie ihm eine Freude machen wollen, dann laden Sie ihn ein, eine Lesung, ein Training oder einen Workshop zu halten. Das ist nämlich seine größte Leidenschaft.

Über den Übersetzer

Rolf Dräther lebt und arbeitet in Hamburg als selbstständiger Berater, Trainer und Coach. Er ist Certified Scrum Professional (CSP), akkreditiert für das Team Management System von Margerison-McCann und als Team Performance Practitioner nach Drexler/Sibbet, systemischer Berater (EASC), Edutainer und bekennender Happyzentriker.

Aufbauend auf seinen langjährigen Erfahrungen, seinem ganzen Wissen, Können und seiner Intuition unterstützt er Teams, Führungskräfte und Unternehmen bei der Einführung, der Anpassung und dem täglichen Leben von Wandel und agilen Vorgehensweisen.

Im Oktober 2014 erschien bei O'Reilly sein Buch »Retrospektiven – kurz & gut«. Er ist Koautor von »Scrum – kurz & gut« (O'Reilly 2013), tritt regelmäßig als Sprecher auf (agilen) IT-Konferenzen auf, ist einer der Organisatoren von »Agile by Nature – Das Agile Camp des Nordens« und engagiert sich in verschiedenen (agilen) Communities.

Rolf Dräther ist via *info@happycentric.de* zu erreichen.

Amir Arooni (CIO Nationale Nederlanden):
»Willst du wie ein Schaf oder wie eine Biene geführt werden? Mit Dilemmas umzugehen und zur gleichen Zeit die eigene Rolle kritisch zu hinterfragen sind wichtige Themen in diesem Buch. Ich kann allen Veränderungskräften, allen Menschen, die in einer sich schnell verändernden Welt etwas erreichen wollen, dieses großartige Buch von Herzen empfehlen.«

Svenja de Vos (Director of Transformation Tele2 AB):
»Ein gut zu lesendes Buch, das zu Selbstreflexion anregt und Energie weckt, sich zu verändern!«

Teun van der Vorm (CIO ANWB):
»Ein inspirierendes Buch, dessen kluge und praktische Lektionen von Marks Großvater mir geholfen haben, erfolgreiches Arbeiten mit selbstorganisierten Teams wirklich zu verstehen. Direkt anwendbar!«

Johan van Hall (Stellvertretender Vorstandsvorsitzender und COO ABN AMRO Group):
»Ich habe durch dieses Buch in kurzer Zeit viel von der Arbeit von Schäfer und Imker gelernt und bin zu der Einsicht gekommen, dass die größte Herausforderung darin besteht, zuallererst sich selbst zu verändern.«

Lisette Oosterbroek (Vice President Innovation Excellence KPN):
»Der Bienenhirte *beschreibt eine Reise. Doch nicht nur der Protagonist macht sich auf den Weg, sondern auch Sie als Leser gehen auf diese Reise. Inspirierend, spannend und befreiend!«*

Marc Gill'ard (Geschäftsführer Verdonck, Klooster & Associates):
»Der Bienenhirte *ist ein ›Must-read‹ für jeden Manager von Fachkräften im 21. Jahrhundert. Rini van Solingen gibt wertvolle Tipps zu Selbstorganisation – unter anderem, die Veränderung in sich selbst zu suchen.«*

Nico Orie (Global Director HR Operations AkzoNobel):
»Ein Managementbuch und doch anders. Der Bienenhirte *vermittelt auf originelle Weise Einsichten in das Führen von selbstorganisierten Teams.«*

John Heideman (Leiter Support & Process Management ING):
»Dieses Buch hilft Ihnen zu verstehen, wie Sie mit agiler Selbstorganisation erfolgreicher sein können, indem Sie Ihren alten Führungsstil verändern und vom Bienenhirten lernen.«

Roel Dagevos (Geschäftsführer Bartosz):
»Bienen und Schafe als Basis, um Selbstorganisation zu verdeutlichen; eine klug gewählte, starke Metapher, die die Crux von Selbstorganisation erfahrbar macht.«

Dick Stegeman (Geschäfsführer IHomer):
»Seit sieben Jahren experimentieren wir nun schon mit Selbstorganisation. Nach vielen Rückschlägen gelingt es uns zunehmend besser. Hätte es dieses Buch schon vor sieben Jahren gegeben, wären wir wohl seltener auf die Nase gefallen. Diese eingängige Geschichte wird uns in den kommenden Jahren ganz sicher helfen. Ich empfehle dieses Buch mit Nachdruck, es sei denn, Sie bestehen darauf, alles selbst von der Pike auf zu lernen.«

Afred de Vries (Executive Director Operations and Development CRV):
»Verständliche Lektionen über das Führen von Fachkräften auf eine originelle Weise dargestellt.«

Frans van der Horst (CIO ABN AMRO Group):
»Manager mit dem ›Hör-auf-verschwinde-das-habe-ich-schon-immer-so-gemacht-Syndrom‹ sind das größte Hindernis für eine wirkliche Veränderung hin zu selbstorganisierten Teams und höheren Leistungen für Kunden. Das wird in diesem Buch haarklein dargelegt.«

Peter Noordzij (Manager Financial Markets & Lending Services IT ING):
»Behandeln Sie Ihre Mitarbeiter eher wie Schafe oder wie Bienen? Diese starke Metapher wird im Buch herausgearbeitet und hilft Managern, einen modernen Führungsstil zu entwickeln. Es gibt nur noch eine *Art, all das effektiver zu lernen als durch dieses Buch – indem man es einfach tut.«*

Peter Groen (Leiter IT Strategy, Security and Control NIBC Bank):
»Weg vom Rausch des Ad-hoc-Lösens von Problemen hin zur Freude an wirklicher Zusammenarbeit und den daraus resultierenden Ergebnissen. Dieses Buch vermittelt wertvolle Einsichten für all jene, die ihre Unternehmen nachhaltig verändern und das Fundament für Agilität legen wollen.«

Ronald Dähne (Technology Director Cloud Solutions Exact):
»Die Parabel vom Imker und den Bienen hilft Ihnen auf eine einfache und klare Weise, die richtigen Entscheidungen im Umgang mit selbstorganisierten Teams zu treffen.«

Tino Scholman (Vice President Cloud for EMEA Oracle):
»Das ist ein großartiges Buch. Es erklärt auf treffende Weise, dass ›Lean‹ etwas sehr Naheliegendes ist. Die Aufgabe eines Imkers besteht nicht darin, sich um die Arbeit der Bienen zu kümmern, sondern dafür zu sorgen, dass sie diese Arbeit so gut wie möglich machen können. Das ist meiner Ansicht nach der Kern einer Transformation hin zu agilem Arbeiten.«

Jos de Blok (Geschäftsführer Stiftung Buurtzorg):
»Dieses Buch vermittelt auf leicht verständliche Weise, weshalb selbstorganisierte Teams die Basis für das Arbeiten im 21. Jahrhundert bilden. Es ist für all jene geeignet, die mehr über Selbstorganisation erfahren und diese für ein höheres Ziel einsetzen wollen. Kurzum: Sehr zu empfehlen!«

Firmenversion mit eigenem CI

Hat Ihnen dieses Buch gefallen? Wollen Sie auch andere damit inspirieren? Wünschen Sie sich vielleicht sogar eine eigene Version dieses Buchs in spezieller Aufmachung für Ihre Organisation? Wollen Sie vielleicht helfen, dieses Buch in eine andere Sprache zu übersetzen? Dann schicken Sie bitte eine E-Mail an:

rini@rinivansolingen.nl.

Die englische Ausgabe dieses Buches ist unter dem Titel »How To Lead Self-Managing Teams?« erschienen und zum Beispiel bei Amazon erhältlich.